高等职业教育土建类专业新形态教材

土建交通类顶岗实习指导手册

主　编　束必清　朱桂春　孙　武

副主编　潘恒飞　陶玉鹏　王昕明

　　　　顾维扬　徐筱舳　孙林元

参　编　沈　杰　蓝　茜　傅乃强

　　　　李　晨　黄必松　顾佳云

主　审　张　军

南京大学出版社

图书在版编目(CIP)数据

土建交通类顶岗实习指导手册 / 束必清，朱桂春，孙武主编. -- 南京 ：南京大学出版社，2024. 8

ISBN 978 - 7 - 305 - 27458 - 9

Ⅰ. ①土… Ⅱ. ①束… ②朱… ③孙… Ⅲ. ①土木工程－生产实习－高等职业教育－教学参考资料 Ⅳ. ①TU - 45

中国国家版本馆 CIP 数据核字(2023)第 243222 号

出版发行 南京大学出版社
社　　址 南京市汉口路 22 号　　　邮　编 210093

书　　名 土建交通类顶岗实习指导手册
TUJIAN JIAOTONG LEI DINGGANG SHIXI ZHIDAO SHOUCE
主　　编 束必清　朱桂春　孙　武
责任编辑 朱彦霖　　　编辑热线 025 - 83597482

照　　排 南京南琳图文制作有限公司
印　　刷 南京玉河印刷厂
开　　本 787 mm×1092 mm 1/16 印张 8.5 字数 201 千
版　　次 2024 年 8 月第 1 版 2024 年 8 月第 1 次印刷
ISBN 978 - 7 - 305 - 27458 - 9
定　　价 26.00 元

网址：http://www.njupco.com
官方微博：http://weibo.com/njupco
官方微信号：njuyuexue
销售咨询热线：(025) 83594756

前　言

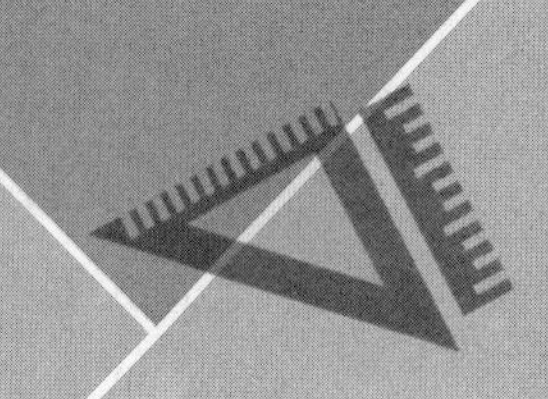

“顶岗实习”是土建交通类专业的学生在完成理论课程的学习和单项技能训练后进行的综合实习课程。学生在校期间学习的知识是以不同课程的形式讲授的，而顶岗实习主要是为了让学生把在校期间学到的理论知识和单项技能统一归纳、串联起来，并与工程实践相结合，形成完整的知识体系和工程执业能力的一个过程。

本书是学生在顶岗实习时的指导性教材，将学生在校期间学到的理论知识和单项技能以职业岗位为载体进行实习，让学生对整个专业理论知识体系进行宏观把握并加以综合运用，达到综合训练学生的职业能力的目的。在人才培养过程中，顶岗实习虽然是最后一个环节，但起到了“闭环”的作用，对人才培养的效果起到了决定性作用。

目前高职院校对顶岗实习学生的教学管理，存在着实习组织不够规范、实践教学有效性不强、合作企业教学主体地位体现不够、顶岗实习岗位与所学专业契合度不高等问题，直接影响了人才培养质量的提高。加之土建交通类专业工作特点决定了学生不可能集中在某一个企业或县市实习，实习地点分散。同时受办学经费等各种制约因素的限制，教师不可能对学生进行经常性地现场指导，实习基本处于松散组织状态。急需一本克服上述困难的土建交通类学生顶岗实习教材，指导学生顶岗实习的全过程，填补学生顶岗实习没有教材的空白。

本书是在教育部颁发的《职业学校学生实习管理规定》《职业院校专业(类)顶岗实习标准》《国家职业教育改革实施方案》基础上编写的。它具有以下几个显著特点：

1. 采用新形态立体化教材。根据职业院校土建交通类学生顶岗实习可能的实习岗位，采用模块化编写模式，方便不同专业和岗位学生使用。

2. 采用项目化课程结构体系。在遵循教学规律的前提下，基于顶岗实习基本要求、安全教育、认识企业和岗位、实习内容与实施、施工现场相关规范、实习组织与管理、成果整理和考核的工作过程开发教学项目。

3. 教材内容实用性强、应用范围广。在深度企业调研的基础上，邀请特级资质专家加入教材编写组，共同编写教材，保证了每个岗位的职责和要求与实际需求相吻合。基于该特点，本书既可作为高职院校和应用型本科院校土建交通类全日制学生的顶岗实习指导书和初入职场人员的工作指南，也可作为成人教育和继续教育人员参考教材，还可以作为教师教学的参考用书。

本书由扬州工业职业技术学院张军教授主审；扬州工业职业技术学院束必清、朱桂春，江苏建筑职业技术学院孙武任主编；扬州工业职业技术学院潘恒飞、陶玉鹏、王昕明，扬州市邗江区建筑工程服务中心顾维扬，江苏扬建集团有限公司徐筱舢，江苏省华建建设股份有限公司孙林元任副主编；扬州工业职业技术学院沈杰、蓝茜、傅乃强、李晨，江苏邗建集团有限公司黄必松，扬州三恒建设工程有限公司顾佳云参与编写。江苏瑞沃建设集团有限公司施伟、中联世纪建设集团有限公司顾浩斌亦对本书的编写提供了帮助。本书参考和引用了已公开的有关文献和资料，为此谨对所有文献的作者和曾关心、支持本书的同志们深表谢意。

限于编者水平有限，时间仓促，书中难免存在缺点和不足之处，敬请广大读者批评指正！

联系邮箱：baishi1226@126.com。

编　者

2023 年 9 月

目　录

第一部分　基本要求

一、顶岗实习性质

顶岗实习是一门必修的实习课程，是学生在完成一定的校内学习后，到专业对口的现场直接参与生产的过程，综合运用本专业的知识、技能，以完成一定的生产任务，并进一步获得感性认识，掌握操作技能，学习企业管理，养成正确的劳动态度的一种实践性教学形式。

二、顶岗实习目的

顶岗实习的目的在于通过顶岗实习教学，学生能够具备独立承担某一岗位工作的能力，熟悉专业内容，增强感性认识，了解专业岗位设置，熟悉本专业的岗位工作及其他岗位的工作，为编写顶岗实习报告收集资料。

通过顶岗实习，对所学知识进一步巩固并加深理解，扩大知识面；能够理论联系实际，提高分析问题、解决问题的能力；了解企业文化与企业经营理念，从而认识社会，为今后的工作积累经验。

通过顶岗实习，具体要达到以下要求：

(1) 学生能进一步树立和巩固专业思想，热爱本专业，增强从事本专业的事业心和责任感。

(2) 学生能深入了解行业企业。通过职业岗位的实践锻炼，巩固和掌握本专业的理论知识，积累工程实践经验，培养较强的专业应用能力和实践动手能力，使其具备职业岗位能力和素质。

(3) 学生能了解社会，融入企业文化，培养良好的爱岗敬业精神和刻苦钻研、吃苦耐劳的工作作风，培养团队合作能力和创新精神，树立质量意识、效益意识、大局意识、竞争意识，使其具有良好的职业道德，学会做人，学会做事。

(4) 学生能了解新材料、新工艺、新技术、新设备等，开阔视野，增长才干，适应建筑行业企业的发展需要，提高毕业后的就业、择业和市场竞争能力。

三、顶岗实习时间

顶岗实习时间不得少于18周。无特殊情况，实际实习时间不得少于计划要求的三分之一。

各专业顶岗实习时间按照专业教学进程表确定。

学生应在离校之前或到达实习企业后立即签订《顶岗实习三方协议》。

学生将签订后的《顶岗实习三方协议》上传至“习讯云”线上管理系统，经顶岗实习指导教师审核通过，作为顶岗实习开始时间。

《顶岗实习三方协议》见附录1所示。

顶岗实习“习讯云”网络平台操作方法见附录2所示。

四、顶岗实习任务

学生应在校内导师和企业导师的指导下完成具体任务：

(1) 掌握实习岗位的工作职责、工作规范、安全守则。

(2) 完成至少一项完整的工作任务，掌握工艺流程、操作规程、技术标准。

(3) 调查实习企业的企业规模、主要产品、行业地位、主要生产岗位、核心技术和企业文化。

(4) 对比实际工作中所用到的知识、技能与学校所学的差异。

(5) 在实习单位内，调研一位同类院校优秀毕业生的职业成长轨迹。

五、顶岗实习企业要求

顶岗实习应以实际工程项目为依托，以实际工作岗位为载体，侧重于学生实践能力的培养。顶岗实习企业需满足下面的要求：

1. 基本条件

(1) 有专门的实习管理机构和管理人员。

(2) 有健全的实习管理制度。

(3) 有完备的劳动安全保障和职业卫生条件。

(4) 针对顶岗实习学生，配备有经验丰富、热心指导的企业导师，每位企业导师所带学生不超过5人。

2. 资质与资信

(1) 资质：具有与顶岗实习岗位相对应的资质。

(2) 资信:① 实习单位的组织机构代码、营业执照、资质证书、安全生产许可证齐全,内容真实正确。② 实习单位近三年无重大安全事故。③ 企业信用等级优良(A级及以上),业界评价良好。

六、顶岗实习要求

1. 顶岗实习工作方面

(1) 注意安全:必须认真学习"第二部分 安全教育"的内容,并坚决执行"三级安全教育"(公司级、项目部级和班组级)。

(2) 顶岗实习期间,须严格遵守实习企业的各项规章制度,按时上下班,注意安全、规范操作。

(3) 吃苦耐劳、勤奋敬业,要学会与同事合作。

(4) 严格要求自己,注重自身形象,虚心学习,爱护设备、仪器和工具。

2. 学校考核要求方面

(1) 在指导教师审核通过后,必须每天在"习讯云"系统进行签到。

(2) 每周撰写周记。

手写并拍照上传至"习讯云"系统,字数不少于500字。

技术工作岗位重点谈体会,谈自己的想法和做法;非技术工作岗位重点谈自己在待人、接物、办事中处理是否妥当,以后怎么改进的心得体会。

(3) 顶岗实习结束后,必须撰写顶岗实习总结报告。

手写并拍照上传至"习讯云"系统,字数不少于3000字。

顶岗实习总结报告主要包括实习单位和项目部的概况,实习期间从事的工作、收获、体会等,重点是收获和体会。写法可以是全面总结,也可以是专题总结,即对某些问题的独特见解写成专题报告。

主要包括以下内容:

① 对整个实习过程的总体回顾:包括实习单位、实习时间、实习过程概述、实习主要内容和完成情况、主要实习成果等。

② 实习企业和工程简介:实习企业的企业规模、主要产品、行业地位、主要生产岗位、核心技术和企业文化;项目名称、结构类型、工程造价、工期、施工工艺、施工组织等。

③ 实习工作中的主要专业收获:实习具体工作岗位的工作职责、工作规范、安全守则;一个相近工作岗位的工作职责、工作规范、安全守则。列出自己在实习期间学习成果(例如自己参与的项目、撰写的文本或文件)、学到的专业知识和技能及其在实习工作中的应用、对实习工程在技术和管理等方面的合理化建议和采纳情况等。要理论联系实际,不得大量抄袭规范、教材、施工组织设计、施工方案、监理细则等文本。列出的规

范条文，必须有工程实例进行佐证或反证。

④ 一位同类院校优秀毕业生的职业成长轨迹。包括姓名、毕业院校、毕业时间、工作的岗位变迁及时间、优秀毕业生心得体会等。

⑤ 自我评价、心得体会和经验总结：包括做人做事的感悟，思想上的进步，对专业和今后职业生涯的认识，获得的工作经验，对整个实习的工作的自我评价、存在的不足和今后努力的方向等。

实习报告应用心总结、用心撰写，不能脱离自己的实习工作和实习工程。应紧紧围绕自己的实习工作，使其能够全面反映整个顶岗实习的工作生活、收获体会和真情实感。用自己的语言和文字反映真实的自我，不能写成一大堆专业知识的简单罗列，不能无病呻吟或故作高深，更不得弄虚作假、抄袭书本或网络资源。

内容表述应简洁明了、层次分明、条理清楚、重点突出、文字流畅，专业表述应准确，收获体会应真实，自我评价应客观。提倡在实习报告中打印粘贴工程图表、工程图片或自己的工作照片（不占字数）。

第二部分　安全教育

一、总体安全要求

(1) 严格按照校内导师和企业导师的要求，实施顶岗实习，遵守实习企业安全管理制度。

由于个人原因发生的安全事故，本人承担相应的后果。

(2) 定期与校内导师通过QQ、微信、短信、电话、E—mail等形式保持联系。

(3) 严格遵守工作纪律，不迟到、不早退、不串岗、不脱岗，顶岗工作期间不办私事，工作之余不私自外出，遇事请假。

(4) 加强安全防范意识，注意交通安全，防触电、防溺水、防中毒、防雷电。

(5) 严格遵守岗位操作规程和安全管理制度，严防机械事故、人身伤亡事故等工作责任事故及人身安全事故的发生。

(6) 在实习期间，严禁下江、河、湖泊、水塘等游泳，严禁工作时间酗酒、吸烟，严禁乘坐无保险的私人营运车辆，严禁违反学校和单位的有关安全制度。

(7) 实习过程中，严格检查设备和场地，凡发现不符合安全生产要求或有人进入危险厂房、接触危险设备、进入危险场地可能的，学生应及时向企业导师反映，有权停止操作，待检查合格后再进行操作。

(8) 不轻信他人花言巧语，擦亮眼睛、提高警惕，树立防范意识，避免加入传销组织，遇事及时与班主任、校内导师或家长联系，谨防上当受骗。

(9) 遵守国家法律、校纪校规及实习单位的规章制度，服从单位的管理和工作安排，虚心好学，遵守职业道德，接受实习单位的考核，尊重实习单位的领导和员工。

(10) 实习期间，未经批准，不得擅自离开实习单位，实习中途变更实习单位的，需经单位同意并及时通知校内导师和班主任。

二、生产岗位安全操作规程

明确生产实习任务，遵守安全操作规程，注意保密工作，严格遵守劳动纪律、工艺纪律、操作纪律、工作纪律，严格执行交接班制度、巡回检查制度，禁止脱岗，禁止与生产无关的一切活动。

实习的好坏很大程度上取决于实习态度。学生应在短时间内与自己的企业导师建立起良好的师生关系，工作中要积极主动，遵守纪律，服从企业导师的工作安排，遇到重大问题应事先向企业导师反映，共同协商解决，不得擅自处理；要认真执行岗位安全操作细则，防止刀伤、碰伤、棒伤、砸伤、烫伤、跌倒及身体被卷入转动设备等人身事故和设备事故的发生。

开机前，必须全面检查设备有无异常，对转动设备，应确认无卡死现象、安全保护设施完好、无缺相漏电等相关条件，并确认无人在设备作业区，方能启动运转。启动后如发现异常，应立即检查原因，及时反映；在紧急情况下，应按有关规程采取果断措施或立即停止作业。

严格遵守特种设备管理制度，禁止无证操作。正确使用特种设备，开机时必须注意检查，发现不安全因素应立即停止使用并挂上故障牌。

按章作业，搞好岗位安全文明生产，发现隐患(特别对因泄漏而易引起火灾的危险部位)应及时处理并上报。及时清理杂物、油污及物料，切实做到安全消防通道畅通无阻。

高空作业、雨天作业、夜间作业应采取相应防护措施，积极参加企业安全技术交底活动，遵守项目部、工区、企业对各项活动的安全要求。

三、安全生产常见知识

1. 安全生产实习六大纪律

(1) 进入现场必须戴好安全帽，扣好帽带，并正确使用个人劳动防护用品。

(2) 2 m以上的高处、悬空作业、无安全设施的，必须系好安全带，扣好保险钩，并在有关人员的监督下进行。

(3) 高处作业时，不准往下或往上乱抛材料、工具等物件。

(4) 各种电动机械设备必须有可靠有效的安全接地和防雷装置，方能开启使用。

(5) 不懂电气和机械原理的，严禁使用和玩弄机电设备。

(6) 吊装区域非操作人员严禁入内，吊装机械必须完好，把杆垂直下方不准站人。

2. 十项安全技术措施

(1) 按规定使用“三宝”(安全帽、安全带、安全网)。

(2) 机械设备防护装置一定要齐全有效。

(3) 塔吊等超重设备必须有限位保险装置，不准“带病”运转，不准超负荷作业，不准在运转中维修保养。

(4) 架设电线线路必须符合当地电业局的规定，电气设备必须全部接零接地。

(5) 电动机械和手持机动工具要设置漏电跳闸装置。

(6) 脚手架材料及脚手架的搭设必须符合规范要求。

(7) 各种缆风绳及其设置必须符合规范要求。

(8) 在建工程的楼梯口、电梯口、预留口、通道口,必须有防护设施。

(9) 严禁赤脚或穿高跟鞋、拖鞋进入施工现场,高空作业不准穿硬底和易滑的鞋靴。

(10) 施工现场的危险地区应设警戒标志,夜间要设红灯示警。

3. 防止违章作业和事故发生的“十不盲目”操作

(1) 新进岗人员须经三级安全教育,复工换岗人员须经安全岗位教育,不要盲目操作。

(2) 特殊工种人员、机械操作工须经专门安全培训。无有效安全上岗操作证,不要盲目操作。

(3) 施工环境和作业对象情况不清,施工前无安全措施或作业安全交底不清,不要盲目操作。

(4) 新技术、新工艺、新设备、新材料、新岗位无安全措施,未进行安全培训教育、交底,不盲目操作。

(5) 安全帽和作业所必需的个人防护用品不落实,不盲目操作。

(6) 脚手架、吊篮、塔吊、井字架、龙门架、外用电梯、起重机械、电焊机、钢筋机械、木工平刨、圆盘锯、搅拌机、打桩机等设施设备和现浇混凝土模板支撑、搭设安装后,未经验收合格,不盲目操作。

(7) 作业场所安全防护措施不落实,安全隐患不排除,威胁人身和国家财产安全时,不盲目操作。

(8) 凡上级或管理干部违章指挥,有冒险指挥,有冒险情况时,不盲目操作。

(9) 高处作业、带电作业、禁火区作业、易燃易爆物品作业、爆破性作业、有中毒或窒息危险的作业和科研实验等其他危险作业的,均应由上级指派,并经安全交底;未经指派批准、未经安全交底和无安全防护措施,不盲目操作。

(10) 隐患未排除,有伤害自己、伤害他人、自己被他人伤害的不安全因素存在时,不盲目操作。

4. 施工现场行走或上下的“十不准”

(1) 不准从正在起吊、运吊中的物件下通过。

(2) 不准从高处往下跳或奔跑作业。

(3) 不准在没有防护的外墙和外壁板等建筑物上行走。

(4) 不准站在小推车等不稳定的物体上操作。

(5) 不得攀登起重臂、绳索、脚手架、井字架、龙门架和随同运料的吊盘及吊装物上下。

(6) 不准进入挂有“禁止出入”或设有危险警示标志的区域、场所。

(7) 不准在重要的运输通道或上下行走通道上逗留。

(8) 未经允许不准私自进入非本单位作业区域或管理区域，尤其是存有易燃易爆物品的场所。

(9) 严禁在无照明设施、无足够采光条件的区域、场所内行走、逗留。

(10) 不准无关人员进入施工现场。

5. 防止触电伤害的十项基本安全操作要求

根据安全用电“装得安全、拆得彻底、用得正确、修得及时”的基本要求，为防止触电伤害事故发生，应遵守以下十项操作要求：

(1) 非电工严禁拆接电气线路、插头、插座、电气设备、电灯等。

(2) 使用电气设备前必须检查线路、插头、插座、漏电保护装置是否完好。

(3) 电气线路或机具发生故障时，应找电工处理，非电工不得自行修理或排除故障。

(4) 使用振捣器等手持电动机械和其他电动机械从事湿作业时，要由电工接好电源，安装上漏电保护器，操作者必须穿戴好绝缘手套后再进行作业。

(5) 搬迁或移动电气设备必须先切断电源。

(6) 严禁擅自使用电炉和其他电加热器。

(7) 禁止在电线上挂晒物料。

(8) 禁止使用照明器烘烤、取暖。

(9) 在架空输电线路附近工作时，应停止输电，不能停电时，应有隔离措施，要保持安全距离，防止触碰。

(10) 电线必须架空，不得在地面、施工楼面随意乱拖，若必须通过地面、楼面时应有过路保护，物料、车、人不准压踏碾磨电线。

6. 防止高处坠落、物体打击的十项基本安全要求

(1) 高处作业必须着装整齐，严禁穿硬塑料底等易滑鞋、高跟鞋，工具应随手放入工具袋。

(2) 高处作业人员严禁相互打闹，以免发生坠落事故。

(3) 在进行攀登作业时，攀登用具结构必须牢固可靠，使用必须正确。

(4) 各类手持机具使用前应认真检查，确保安全牢靠。洞口临边作业应防止物件坠落。

(5) 施工人员应从规定的通道上下，不得攀爬脚手架、跨越阳台，或在非规定通道进行攀登、行走。

(6) 进行悬空作业时，应有牢靠的立足点并正确系挂安全带；现场应视具体情况配

置防护栏网、栏杆或其他安全设施。

(7) 高处作业时,所有物料应该堆放平稳,不可放置在临边或洞口附近,且不可妨碍通行。

(8) 高处拆除作业时,对拆卸下的物料、建筑垃圾都应加以清理并及时运走,不得在走道上任意放置或向下丢弃,保持作业走道畅通。

(9) 高处作业时,不准往下或向上乱抛材料和工具等物件。

(10) 各施工作业场所内,凡有坠落可能的任何物料,都应先行拆除或加以固定,拆卸作业要在设有禁区、有人监护的条件下进行。

7. 气割、电焊的"十不"规定

(1) 焊工必须持证上岗,无特种作业人员安全操作证的人员,不准进行焊、割作业。

(2) 凡属一、二、三级动火范围的焊、割作业,未经审批手续,不准进行焊、割作业。

(3) 焊工不了解焊、割现场周围情况,不得进行焊、割。

(4) 焊工不了解焊件内部是否完好时,不得进行焊、割。

(5) 各种装过可燃气体,易燃液体和有毒物质的容器,未经彻底清洗、排除危险性之前,不准进行焊、割。

(6) 用可燃材料做保温层、冷却层、隔热设备的部位,或火星能飞溅到的地方,在未采取切实可靠的安全措施之前,不准焊、割。

(7) 有压力或密封的管道、容器,不准焊、割。

(8) 焊、割部位附近有易燃易爆物品,在未作清理或未采取有效的安全措施之前,不准焊、割。

(9) 附近有与明火作业相抵触的工种在作业时,不准焊、割。

(10) 在外单位相连的部位,在没有弄清有无险情,或明知存在危险而未采取有效的措施之前,不准焊、割。

8. 防止机械伤害的"一禁、二必须、三定、四不准"

(1) 不懂电器和机械的人员严禁使用和摆弄机电设备。

(2) 机电设备完好,必须有可靠有效的安全防护装置。

(3) 机电设备停电、停工休息时必须拉闸关机,按要求上锁。

(4) 机电设备应做到定人操作;定人保养、检查。

(5) 机电设备应做到定期管理、定期保养。

(6) 机电设备应做到定岗位和岗位职责。

(7) 机电设备不准带病运转。

(8) 机电设备不准超负荷运转。

(9) 机电设备不准在运转时维修保养。

(10) 机电设备运行时,操作人员不准将头、手、身伸入运转的机械行程范围内。

四、人身和财产安全

要有预防意识，保持良好的防护习惯。

用法律维护自己的人身财产安全。特别是面对暴力犯罪，要坚决制止不法侵害。对正在进行行凶、杀人、抢劫、绑架以及其他严重危及人身安全的暴力犯罪，采取防卫行为造成不法侵害人伤亡的，不属于防卫过当，不负刑事责任。

发生案件、发现危险要快速、准确、实事求是地报警求助。

留心观察身边的人和事，及时规避可能针对自己的侵害，注意防火、防盗、防交通意外。

积极预防不法侵害危及的人身安全：

(1) 抢劫的预防：注意观察，及时识别。选好外出行走路线，不在陌生人面前暴露自己的行踪。遇到抢劫时沉着冷静应对，及时报案，以便组织追捕。

(2) 滋扰的预防：慎重处置。依靠集体力量，积极制止违法犯罪行为，注意策略，防止事态扩大。自觉寻找证据，用法律保护自己。

五、防盗

(1) 出租屋或者宿舍防盗措施：锁好门、关好窗，不要留宿外来人员，注意盘查形迹可疑人员，防止推销小商品人员顺手牵羊，宿舍内不放大量现金，贵重物品不要放在明处，安装防盗门窗，及时修复损坏的防盗设施，保管好自己的钥匙，租房选址安全，谨慎交友。

(2) 现金防盗措施：现金存入银行，日常生活费用贴身携带。

(3) 银行卡防盗措施：设置一个既保密又不会遗忘的密码，保管好银行卡，外出时应锁在柜中，被盗或丢失要立即挂失。

六、防抢

要有可能遭遇抢劫、抢夺的心理准备，夜间不要单独到偏僻的地方行走，女生注意首饰小包，不要外露财物，不走偏黑路，乘坐有营运执照的正规车或者出租车，攻心感化作案人，伺机逃脱，在有人时大声呼救，正当防卫使其丧失侵害能力，急救创伤，在第一时间报案，不要私了。

七、防骗

诈骗方式有合同诈骗，假金元宝诈骗，借口帮忙诈骗，利用求财等心理诈骗，在特定场所如银行门前诈骗，中大奖骗局，利用公话诈骗，碰撞丢钱诈骗等。针对大学生的诈骗主要有求职陷阱，包括试用期陷阱、收费陷阱、工资陷阱和智力陷阱等。所有“说给你钱反而让你先打钱”的行为均为诈骗。

预防诈骗措施：多学习观察，不贪钱财，不图便宜，保守自我信息秘密，慎重交友，不感情用事，与同学和老师斟酌，慎重对待他人的财物请求。

八、防传销

传销是指组织者或者经营者发展人员，通过对被发展人员以其直接或者间接发展的人员数量或者销售业绩为依据计算和给付报酬，或者要求被发展人员以交纳一定费用为条件取得加入资格等方式牟取非法利益，扰乱经济秩序，影响社会稳定的行为。

传销预防：消除快速成功的心理；正确对待就业困难；学会用《禁止传销条例》保护自己；杜绝非法传销渗透的空间；尽快脱身，防止越陷越深；主动配合打击。

第三部分　认识企业和岗位

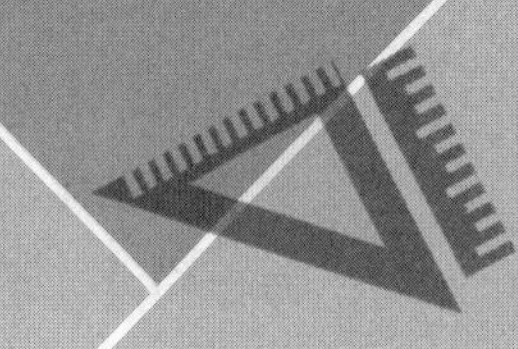

一、认识顶岗实习企业

1. 主要调查内容

（1）企业性质、主要产品、行业地位、未来发展趋势。企业性质是指国有、合资、外资、民营等；主要产品是指主要建设项目、建筑工程土建、建筑工程设备、市政道路、城市轨道、铁路等；行业地位是指企业施工资质、行业影响；未来发展趋势是指企业发展状况与自身就业趋向等。

（2）主要生产岗位、核心技术。

（3）行业精神、企业文化。

（4）优秀校友或典型人物。

2. 实习要求

（1）通过听报告、观察、访问等方式了解企业概况，收集相关资料。一方面尽快融入新企业，另一方面为实习报告的编制收集素材。

（2）在调查、访问以及撰写实习报告的过程中，要注意遵守企业的保密制度。

（3）调查期间注意各部门的人员组成，找出典型的优秀人物作为自己的职业榜样，通过了解优秀人物的职业成长过程，初步确定自己的职业发展方向。

二、认识顶岗实习岗位

建筑与市政工程施工现场专业人员包括施工员、质量员、安全员、标准员、材料员、机械员、劳务员、资料员。其中，施工员、质量员、标准员可分为土建施工、装饰装修、设备安装和市政工程四个子专业。

除此之外，在刚开始顶岗实习时，很多学生的初始岗位为测量员。

1. 测量员岗位职责

(1) 在技术主管领导下,贯彻执行测量规程及有关测量规章制度。

(2) 依据移交主要桩点和水准点进行引线测量、施工放样测量和补桩工作。

(3) 对主要桩点加设保护桩,妥善保护,因施工需要移动点位时,应提前按原精度另行移设。

(4) 做好和保管所有测量工作的正式记录,不得任意涂改或丢失。

(5) 坚持测量复核制,及时、正确整理好测量成果资料,保证记录、计算无误,确保施工进度和质量。在每道工序施工前,坚持校核有关中线、十字线、坡率、高程及几何尺寸。

(6) 做好竣工测量和贯通测量。

(7) 加强学习和掌握测量业务知识,正确使用测量仪器。

(8) 负责测量仪器的保养、检验、校正和保管使用。

(9) 完成领导临时交办的工作。

(10) 根据施工需要,制订详细、全面的测量工作计划。

(11) 能进行数字测图、地籍测量、变形检测的外业观测及内业数据处理工作。

(12) 全面负责现场的施工放样、测量设计及内业计算。做好测量资料复核、整理及保管工作,对其真实性、可靠性和可溯性负责。

2. 施工员岗位职责

(1) 主要工作职责和应具备的专业技能

表 3-01 施工员主要工作职责和应具备的专业技能

项次	分类	主要工作职责	专业技能
1	施工组织策划	(1) 参与施工组织管理策划。 (2) 参与制定管理制度。	(1) 能够参与编制施工组织设计和专项施工方案。
2	施工技术管理	(3) 参与图纸会审、技术核定。 (4) 负责施工作业班组的技术交底。 (5) 负责组织测量放线、参与技术复核。	(2) 能够识读施工图和其他工程设计、施工等文件。 (3) 能够编写技术交底文件,并实施技术交底。 (4) 能够正确使用测量仪器,进行施工测量。
3	施工进度成本控制	(6) 参与制定并调整施工进度计划、施工资源需求计划,编制施工作业计划。 (7) 参与做好施工现场组织协调工作,合理调配生产资源;落实施工作业计划。 (8) 参与现场经济技术签证、成本控制及成本核算。 (9) 负责施工平面布置的动态管理。	(5) 能够正确划分施工区段,合理确定施工顺序。 (6) 能够进行资源平衡计算,参与编制施工进度计划及资源需求计划,控制调整计划。 (7) 能够进行工程量计算及初步的工程计价。

（续表）

项次	分类	主要工作职责	专业技能
4	质量安全环境管理	(10) 参与质量、环境与职业健康安全的预控。 (11) 负责施工作业的质量、环境与职业健康安全过程控制，参与隐蔽、分项、分部和单位工程的质量验收。 (12) 参与质量、环境与职业健康安全问题的调查，提出整改措施并监督落实。	(8) 能够确定施工质量控制点，参与编制质量控制文件、实施质量交底。 (9) 能够确定施工安全防范重点，参与编制职业健康安全与环境技术文件、实施安全和环境交底。 (10) 能够识别、分析、处理施工质量缺陷和危险源。 (11) 能够参与施工质量、职业健康安全与环境问题的调查分析。
5	施工信息资料管理	(13) 负责编写施工日志、施工记录等相关施工资料。 (14) 负责汇总、整理和移交施工资料。	(12) 能够记录施工情况，编制相关工程技术资料。 (13) 能够利用专业软件对工程信息资料进行处理。

(2) 应具备的专业知识

表 3－02 施工员应具备的专业知识

项次	分类	专业知识
1	通用知识	(1) 熟悉国家工程建设相关法律法规。 (2) 熟悉工程材料的基本知识。 (3) 掌握施工图识读、绘制的基本知识。 (4) 熟悉工程施工工艺和方法。 (5) 熟悉工程项目管理的基本知识。
2	基础知识	(6) 熟悉相关专业的力学知识。 (7) 熟悉建筑构造、建筑结构和建筑设备的基本知识。 (8) 熟悉工程预算的基本知识。 (9) 掌握计算机和相关资料信息管理软件的应用知识。 (10) 熟悉施工测量的基本知识。
3	岗位知识	(11) 熟悉与本岗位相关的标准和管理规定。 (12) 掌握施工组织设计及专项施工方案的内容和编制方法。 (13) 掌握施工进度计划的编制方法。 (14) 熟悉环境与职业健康安全管理的基本知识。 (15) 熟悉工程质量管理的基本知识。 (16) 熟悉工程成本管理的基本知识。 (17) 了解常用施工机械机具的性能。

3. 质量员岗位职责

(1) 主要工作职责和应具备的专业技能

表 3-03 质量员主要工作职责和应具备的专业技能

项次	分类	主要工作职责	专业技能
1	质量计划准备	(1) 参与进行施工质量策划。 (2) 参与制定质量管理制度。	(1) 能够参与编制施工项目质量计划。
2	材料质量控制	(3) 参与材料、设备的采购。 (4) 负责核查进场材料、设备的质量保证资料,监督进场材料的抽样复验。 (5) 负责监督、跟踪施工试验,负责计量器具的符合性审查。	(2) 能够评价材料、设备质量。 (3) 能够判断施工试验结果。
3	工序质量控制	(6) 参与施工图会审和施工方案审查。 (7) 参与制定工序质量控制措施。 (8) 负责工序质量检查和关键工序、特殊工序的旁站检查,参与交接检验、隐蔽验收、技术复核。 (9) 负责检验批和分项工程的质量验收、评定,参与分部工程和单位工程的质量验收、评定。	(4) 能够识读施工图。 (5) 能够确定施工质量控制点。 (6) 能够参与编写质量控制措施等质量控制文件,并实施质量交底。 (7) 能够进行工程质量检查、验收、评定。
4	质量问题处置	(10) 参与制定质量通病预防和纠正措施。 (11) 负责监督质量缺陷的处理。 (12) 参与质量事故的调查、分析和处理。	(8) 能够识别质量缺陷,并进行分析和处理。 (9) 能够参与调查、分析质量事故,提出处理意见。
5	质量资料管理	(13) 负责质量检查的记录,编制质量资料。 (14) 负责汇总、整理、移交质量资料。	(10) 能够编制、收集、整理质量资料。

(2) 应具备的专业知识

表 3-04 质量员应具备的专业知识

项次	分类	专业知识
1	通用知识	(1) 熟悉国家工程建设相关法律法规。 (2) 熟悉工程材料的基本知识。 (3) 掌握施工图识读、绘制的基本知识。 (4) 熟悉工程施工工艺和方法。 (5) 熟悉工程项目管理的基本知识。
2	基础知识	(6) 熟悉相关专业力学知识。 (7) 熟悉建筑构造、建筑结构和建筑设备的基本知识。 (8) 熟悉施工测量的基本知识。 (9) 掌握抽样统计分析的基本知识。

（续表）

项次	分类	专业知识
3	岗位知识	(10) 熟悉与本岗位相关的标准和管理规定。 (11) 掌握工程质量管理的基本知识。 (12) 掌握施工质量计划的内容和编制方法。 (13) 熟悉工程质量控制的方法。 (14) 了解施工试验的内容、方法和判定标准。 (15) 掌握工程质量问题的分析、预防及处理方法。

4. 安全员岗位职责

(1) 主要工作职责和应具备的专业技能

表 3-05　安全员主要工作职责和应具备的专业技能

项次	分类	主要工作职责	专业技能
1	项目安全策划	(1) 参与制定施工项目安全生产管理计划。 (2) 参与建立安全生产责任制度。 (3) 参与制定施工现场安全事故应急救援预案。	(1) 能够参与编制项目安全生产管理计划。 (2) 能够参与编制安全事故应急救援预案。
2	资源环境安全检查	(4) 参与开工前安全条件检查。 (5) 参与施工机械、临时用电、消防设施等的安全检查。 (6) 负责防护用品和劳保用品的符合性审查。 (7) 负责作业人员的安全教育培训和特种作业人员资格审查。	(3) 能够参与对施工机械、临时用电、消防设施进行安全检查，对防护用品与劳保用品进行符合性判断。 (4) 能够组织实施项目作业人员的安全教育培训。
3	作业安全管理	(8) 参与编制危险性较大的分部、分项工程专项施工方案。 (9) 参与施工安全技术交底。 (10) 负责施工作业安全及消防安全的检查和危险源的识别，对违章作业和安全隐患进行处置。 (11) 参与施工现场环境监督管理。	(5) 能够参与编制安全专项施工方案。 (6) 能够参与编制安全技术交底文件，并实施安全技术交底。 (7) 能够识别施工现场危险源，并对安全隐患和违章作业进行处置。 (8) 能够参与项目文明工地、绿色施工管理。
4	安全事故处理	(12) 参与组织安全事故应急救援演练，参与组织安全事故救援。 (13) 参与安全事故的调查、分析。	(9) 能够参与安全事故的救援处理、调查分析。
5	安全资料管理	(14) 负责安全生产的记录、安全资料的编制。 (15) 负责汇总、整理、移交安全资料。	(10) 能够编制、收集、整理施工安全资料。

(2) 应具备的专业知识

表 3-06 安全员应具备的专业知识

项次	分类	专业知识
1	通用知识	(1) 熟悉国家工程建设相关法律法规。 (2) 熟悉工程材料的基本知识。 (3) 熟悉施工图识读的基本知识。 (4) 了解工程施工工艺和方法。 (5) 熟悉工程项目管理的基本知识。
2	基础知识	(6) 了解建筑力学的基本知识。 (7) 熟悉建筑构造、建筑结构和建筑设备的基本知识。 (8) 掌握环境与职业健康管理的基本知识。
3	岗位知识	(9) 熟悉与本岗位相关的标准和管理规定。 (10) 掌握施工现场安全管理知识。 (11) 熟悉施工项目安全生产管理计划的内容和编制方法。 (12) 熟悉安全专项施工方案的内容和编制方法。 (13) 掌握施工现场安全事故的防范知识。 (14) 掌握安全事故救援处理知识。

5. 标准员岗位职责

(1) 主要工作职责和应具备的专业技能

表 3-07 标准员主要工作职责和应具备的专业技能

项次	分类	主要工作职责	专业技能
1	标准实施计划	(1) 参与企业标准体系表的编制。 (2) 负责确定工程项目应执行的工程建设标准,编列标准强制性条文,并配置标准有效版本。 (3) 参与制定质量安全技术标准落实措施及管理制度。	(1) 能够组织确定工程项目应执行的工程建设标准及强制性条文。 (2) 能够参与制定工程建设标准贯彻落实的计划方案。
2	施工前期标准实施	(4) 负责组织工程建设标准的宣贯和培训。 (5) 参与施工图会审,确认执行标准的有效性。 (6) 参与编制施工组织设计、专项施工方案、施工质量计划、职业健康安全与环境计划,确认执行标准的有效性。	(3) 能够组织施工现场工程建设标准的宣贯和培训。 (4) 能够识读施工图。
3	施工过程标准实施	(7) 负责建设标准实施交底。 (8) 负责跟踪、验证施工过程标准执行情况,纠正执行标准中的偏差,重大问题提交企业标准化委员会。 (9) 参与工程质量、安全事故调查,分析标准执行中的问题。	(5) 能够对不符合工程建设标准的施工作业提出改进措施。 (6) 能够处理施工作业过程中工程建设标准实施的信息。 (7) 能够根据质量、安全事故原因,参与分析标准执行中的问题。

（续表）

项次	分类	主要工作职责	专业技能
4	标准实施评价	（10）负责汇总标准执行确认资料、记录工程项目执行标准的情况，并进行评价。 （11）负责收集对工程建设标准的意见、建议，并提交企业标准化委员会。	（8）能够记录和分析工程建设标准实施情况。 （9）能够对工程建设标准实施情况进行评价。 （10）能够收集、整理、分析对工程建设标准的意见，并提出建议。
5	标准信息管理	（12）负责工程建设标准实施的信息管理。	（11）能够使用工程建设标准实施信息系统。

（2）应具备的专业知识

表 3－08　标准员应具备的专业知识

项次	分类	专业知识
1	通用知识	（1）熟悉国家工程建设相关法律法规。 （2）熟悉工程材料的基本知识。 （3）掌握施工图绘制、识读的基本知识。 （4）熟悉工程施工工艺和方法。 （5）了解工程项目管理的基本知识。
2	基础知识	（6）掌握建筑结构、建筑构造、建筑设备的基本知识。 （7）熟悉工程质量控制、检测分析的基本知识。 （8）熟悉工程建设标准体系的基本内容和国家、行业工程建设标准化管理体系。 （9）了解施工方案、质量目标和质量保证措施编制及实施基本知识。
3	岗位知识	（10）掌握与本岗位相关的标准和管理规定。 （11）了解企业标准体系表的编制方法。 （12）熟悉工程建设标准实施进行监督检查和工程检测的基本知识。 （13）掌握标准实施执行情况记录及分析评价的方法。

6. 材料员岗位职责

（1）主要工作职责和应具备的专业技能

表 3－09　材料员主要工作职责和应具备的专业技能

项次	分类	主要工作职责	专业技能
1	材料管理计划	（1）参与编制材料、设备配置计划。 （2）参与建立材料、设备管理制度。	（1）能够参与编制材料、设备配置管理计划。

（续表）

项次	分类	主要工作职责	专业技能
2	材料采购验收	(3) 负责收集材料、设备的价格信息，参与供应单位的评价、选择。 (4) 负责材料、设备的选购，参与采购合同的管理。 (5) 负责进场材料、设备的验收和抽样复检。	(2) 能够分析建筑材料市场信息，并进行材料、设备的计划与采购。 (3) 能够对进场材料、设备进行符合性判断。
3	材料使用存储	(6) 负责材料、设备进场后的接收、发放、储存管理。 (7) 负责监督、检查材料、设备的合理使用。 (8) 参与回收和处置剩余及不合格材料、设备。	(4) 能够组织保管、发放施工材料、设备。 (5) 能够对危险物品进行安全管理。 (6) 能够参与对施工余料、废弃物进行处置或再利用。
4	材料统计核算	(9) 负责建立材料、设备管理台账。 (10) 负责材料、设备的盘点、统计。 (11) 参与材料、设备的成本核算。	(7) 能够建立材料、设备的统计台账。 (8) 能够参与材料、设备的成本核算。
5	材料资料管理	(12) 负责材料、设备资料的编制。 (13) 负责汇总、整理、移交材料和设备资料。	(9) 能够编制、收集、整理施工材料、设备资料。

(2) 应具备的专业知识

表 3-10 材料员应具备的专业知识

项次	分类	专业知识
1	通用知识	(1) 熟悉国家工程建设相关法律法规。 (2) 掌握工程材料的基本知识。 (3) 了解施工图识读的基本知识。 (4) 了解工程施工工艺和方法。 (5) 熟悉工程项目管理的基本知识。
2	基础知识	(6) 了解建筑力学的基本知识。 (7) 熟悉工程预算的基本知识。 (8) 掌握物资管理的基本知识。 (9) 熟悉抽样统计分析的基本知识。
3	岗位知识	(10) 熟悉与本岗位相关的标准和管理规定。 (11) 熟悉建筑材料市场调查分析的内容和方法。 (12) 熟悉工程招投标和合同管理的基本知识。 (13) 掌握建筑材料验收、存储、供应的基本知识。 (14) 掌握建筑材料成本核算的内容和方法。

7. 机械员岗位职责

(1) 主要工作职责和应具备的专业技能

表 3-11　机械员主要工作职责和应具备的专业技能

项次	分类	主要工作职责	专业技能
1	机械管理计划	(1) 参与制定施工机械设备使用计划,负责制定维护保养计划。 (2) 参与制定施工机械设备管理制度。	(1) 能够参与编制施工机械设备管理计划。
2	机械前期准备	(3) 参与施工总平面布置及机械设备的采购或租赁。 (4) 参与审查特种设备安装、拆卸单位资质和安全事故应急救援预案、专项施工方案。 (5) 参与特种设备安装、拆卸的安全管理和监督检查。 (6) 参与施工机械设备的检查验收和安全技术交底,负责特种设备使用备案、登记。	(2) 能够参与施工机械设备的选型和配置。 (3) 能够参与核查特种设备安装、拆卸专项施工方案。 (4) 能够参与组织进行特种设备安全技术交底。
3	机械安全使用	(7) 参与组织施工机械设备操作人员的教育培训和资格证书查验,建立机械特种作业人员档案。 (8) 负责监督检查施工机械设备的使用和维护保养,检查特种设备安全使用状况。 (9) 负责落实施工机械设备安全防护和环境保护措施。 (10) 参与施工机械设备事故调查、分析和处理。	(5) 能够参与组织施工机械设备操作人员的安全教育培训。 (6) 能够对特种设备安全运行状况进行评价。 (7) 能够识别、处理施工机械设备的安全隐患。
4	机械成本核算	(11) 参与施工机械设备定额的编制,负责机械设备台账的建立。 (12) 负责施工机械设备常规维护保养支出的统计、核算、报批。 (13) 参与施工机械设备租赁结算。	(8) 能够建立施工机械设备的统计台账。 (9) 能够进行施工机械设备成本核算。
5	机械资料管理	(14) 负责编制施工机械设备安全、技术管理资料。 (15) 负责汇总、整理、移交机械设备资料。	(10) 能够编制、收集、整理施工机械设备资料。

(2) 应具备的专业知识

表 3-12　机械员应具备的专业知识

项次	分类	专业知识
1	通用知识	(1) 熟悉国家工程建设相关法律法规。 (2) 熟悉工程材料的基本知识。 (3) 了解施工图识读的基本知识。 (4) 了解工程施工工艺和方法。 (5) 熟悉工程项目管理的基本知识。
2	基础知识	(6) 了解工程力学的基本知识。 (7) 了解工程预算的基本知识。 (8) 掌握机械制图和识图的基本知识。 (9) 掌握施工机械设备的工作原理、类型、构造及技术性能的基本知识。
3	岗位知识	(10) 熟悉与本岗位相关的标准和管理规定。 (11) 熟悉施工机械设备的购置、租赁知识。 (12) 掌握施工机械设备安全运行、维护保养的基本知识。 (13) 熟悉施工机械设备常见故障、事故原因和排除方法。 (14) 掌握施工机械设备的成本核算方法。 (15) 掌握施工临时用电技术规程和机械设备用电知识。

8. 劳务员岗位职责

(1) 主要工作职责和应具备的专业技能

表 3-13　劳务员主要工作职责和应具备的专业技能

项次	分类	主要工作职责	专业技能
1	劳务管理计划	(1) 参与制定劳务管理计划。 (2) 参与组建项目劳务管理机构和制定劳务管理制度。	(1) 能够参与编制劳务需求及培训计划。
2	资格审查培训	(3) 负责验证劳务分包队伍资质，办理登记备案；参与劳务分包合同签订，对劳务队伍现场施工管理情况进行考核评价。 (4) 负责审核劳务人员身份、资格，办理登记备案。 (5) 参与组织劳务人员培训。	(2) 能够验证劳务队伍资质。 (3) 能够审验劳务人员身份、职业资格。 (4) 能够对劳务分包合同进行评审，对劳务队伍进行综合评价。
3	劳动合同管理	(6) 参与或监督劳务人员劳动合同的签订、变更、解除、终止及参加社会保险等工作。 (7) 负责或监督劳务人员进出场及用工管理。 (8) 负责劳务结算资料的收集整理，参与劳务费的结算。 (9) 参与或监督劳务人员工资支付、负责劳务人员工资公示及台账的建立。	(5) 能够对劳动合同进行规范性审查。 (6) 能够核实劳务分包款、劳务人员工资。 (7) 能够建立劳务人员个人工资台账。

（续表）

项次	分类	主要工作职责	专业技能
4	劳务纠纷处理	(10) 参与编制、实施劳务纠纷应急预案。 (11) 参与调解、处理劳务纠纷和工伤事故的善后工作。	(8) 能够参与编制劳务人员工资纠纷应急预案，并组织实施。 (9) 能够参与调解、处理劳资纠纷和工伤事故的善后工作。
5	劳务资料管理	(12) 负责编制劳务队伍和劳务人员管理资料。 (13) 负责汇总、整理、移交劳务管理资料。	(10) 能够编制、收集、整理劳务管理资料。

（2）应具备的专业知识

表 3－14　劳务员应具备的专业知识

项次	分类	专业知识
1	通用知识	(1) 熟悉国家工程建设相关法律法规。 (2) 了解工程材料的基本知识。 (3) 了解施工图识读的基本知识。 (4) 了解工程施工工艺和方法。 (5) 熟悉工程项目管理的基本知识。
2	基础知识	(6) 熟悉流动人口管理和劳动保护的相关规定。 (7) 掌握信访工作的基本知识。 (8) 了解人力资源开发及管理的基本知识。 (9) 了解财务管理的基本知识。
3	岗位知识	(10) 熟悉与本岗位相关的标准和管理规定。 (11) 熟悉劳务需求的统计计算方法和劳动定额的基本知识。 (12) 掌握建筑劳务分包管理、劳动合同、工资支付和权益保护的基本知识。 (13) 掌握劳务纠纷常见形式、调解程序和方法。 (14) 了解社会保险的基本知识。

9. 资料员岗位职责

（1）主要工作职责和应具备的专业技能

表 3－15　资料员主要工作职责和应具备的专业技能

项次	分类	主要工作职责	专业技能
1	资料计划管理	(1) 参与制定施工资料管理计划。 (2) 参与建立施工资料管理规章制度。	(1) 能够参与编制施工资料管理计划。
2	资料收集整理	(3) 负责建立施工资料台账，进行施工资料交底。 (4) 负责施工资料的收集、审查及整理。	(2) 能够建立施工资料台账。 (3) 能够进行施工资料交底。 (4) 能够收集、审查、整理施工资料。

（续表）

项次	分类	主要工作职责	专业技能
3	资料使用保管	(5) 负责施工资料的往来传递、追溯及借阅管理。 (6) 负责提供管理数据、信息资料。	(5) 能够检索、处理、存储、传递、追溯、应用施工资料。 (6) 能够安全保管施工资料。
4	资料归档移交	(8) 负责施工资料的立卷、归档。 (9) 负责施工资料的封存和安全保密工作。 (10) 负责施工资料的验收与移交。	(7) 能够对施工资料立卷、归档、验收、移交。
5	资料信息系统管理	(11) 参与建立施工资料管理系统。 (12) 负责施工资料管理系统的运用、服务和管理。	(8) 能够参与建立施工资料计算机辅助管理平台。 (9) 能够应用专业软件进行施工资料的处理。

(2) 应具备的专业知识

表 3－16　资料员应具备的专业知识

项次	分类	专业知识
1	通用知识	(1) 熟悉国家工程建设相关法律法规。 (2) 了解工程材料的基本知识。 (3) 熟悉施工图绘制、识读的基本知识。 (4) 了解工程施工工艺和方法。 (5) 熟悉工程项目管理的基本知识。
2	基础知识	(6) 了解建筑构造、建筑设备及工程预算的基本知识。 (7) 掌握计算机和相关资料管理软件的应用知识。 (8) 掌握文秘、公文写作基本知识。
3	岗位知识	(9) 熟悉与本岗位相关的标准和管理规定。 (10) 熟悉工程竣工验收备案管理知识。 (11) 掌握城建档案管理、施工资料管理及建筑业统计的基础知识。 (12) 掌握资料安全管理知识。

第四部分　实习内容与实施

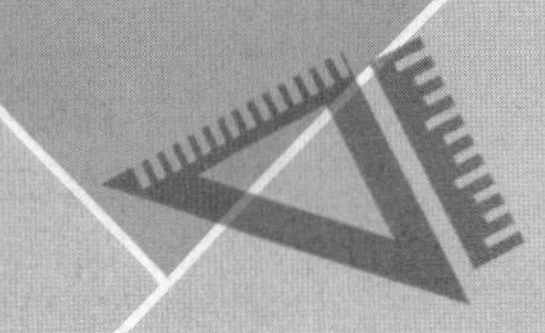

一、建筑工程技术专业

1. 岗前培训与实习项目工作准备

实习目标	实习内容	实习要求
(1) 认识建筑企业文化、了解职业道德养成，与领导和同事正常沟通； (2) 熟悉国家相关建筑法规，建筑企业工作规章制度； (3) 了解建筑企业的员工规范、岗位资格、工作职责等； (4) 认识岗位的工作环境，使用的设备、工具、工作对象、工作性质； (5) 认识建筑工程项目安全工作、节能与环境保护要求； (6) 熟悉建筑施工操作规范与质量验收规范。	(1) 企业发展、职业道德要求、协同工作与员工成长； (2) 建筑相关法律法规，企业各项规章制度； (3) 建筑企业岗位职责、员工手册与工作要求； (4) 建筑工程项目施工现场参观、建筑工程施工手册阅读； (5) 施工安全规范与安全管理制度、劳动保护相关条例，节能与环境保护条例； (6) 现场施工管理要点、质量控制要点；施工工艺。操作标准、施工质量验收标准(强制性条文)。	(1) 企业领导和企业导师上课； (2) 企业导师带领学生参观企业和建筑工程项目并讲解； (3) 成果：实习日记和项目报告。

2. 土建专业施工图识读

实习目标	实习内容	实习要求
(1) 能识读并正确领会建筑及结构专业施工图，并能正确应用标准图集； (2) 能阅读地质报告、概算、设计变更、洽商等其他设计文件； (3) 建立专业间相互配合协调的基本意识； (4) 能不断获取新的技能与知识，并能应用和迁移； (5) 能对复杂和相互关联的事物进行合理的分解，通过相互认证建立相互协调的关系，并找出处理办法； (6) 有求真务实、科学严谨的工作态度，有社会责任感，能独立开展工作。	(1) 建筑专业施工图、结构专业施工图、设计说明及其他文本文件的知识；标准图集的知识； (2) 工程地质报告、概算、设计变更、洽商文件的知识； (3) 建筑工程的组成； (4) 新技术、新工艺、新材料的知识； (5) 数学、逻辑学等知识的应用； (6) 工作态度与责任感的培养。	(1) 企业导师指导； (2) 建筑工程项目现场对比学习； (3) 耐心、细致、坚韧、持之以恒； (4) 成果：实习日记和项目报告。

3. 主要建筑材料性能检测与应用

实习目标	实习内容	实习要求
(1) 能熟练使用检测仪器,检测常用建筑材料的技术性质; (2) 能正确运用和执行标准,判别常用建筑材料的质量等级,并确认其规格指标; (3) 能根据施工验收规范的规定进行材料检验批的抽样送检; (4) 能准确评价建筑材料,并能正确选用; (5) 具有对建筑材料从进场、验收、抽样、送检、分类、存储、保管、发放、回收、节能、环境保护进行综合管理的能力; (6) 注重培养科学、严谨的工作态度;能进行协调沟通,团队合作,负责任地开展工作。	(1) 常用建筑材料的技术性质; (2) 常用建筑材料的技术标准与规范,质量等级和规格指标; (3) 常用建筑材料的施工验收规范,检验批的检验方法; (4) 建筑材料的应用知识; (5) 对建筑材料进场、验收、抽样、送检、分类、存储、保管、发放、回收、节能、环境保护知识; (6) 工作态度与责任感的培养。	(1) 企业导师指导; (2) 直接参与建筑工程项目工作; (3) 成果:实习日记和项目报告。

4. 施工现场技术与管理

实习目标	实习内容	实习要求
(1) 能参与施工组织策划; (2) 能参与现场施工技术管理; (3) 能参与施工进度及成本控制; (4) 能协同进行质量、安全与环境管理; (5) 能协同进行工程施工信息及资料管理; (6) 能参与建立施工现场信息化管理平台; (7) 能主动学习,能根据现场实际情况,综合各方面影响因素,提出解决方案; (8) 具有独立判断和解决问题能力;能够坚持原则、秉公办事。	(1) 法律法规知识; (2) 建设项目管理、造价控制知识; (3) 施工技术及管理知识; (4) 计算机应用知识; (5) 必备的人文、社会科学知识; (6) 理论与实践相结合; (7) 工作态度与责任感的培养。	(1) 企业导师指导; (2) 直接参与建筑工程项目工作; (3) 认真负责,坚持原则; (4) 成果:实习日记和项目报告。

5. 工程质量检验与控制

实习目标	实习内容	实习要求
(1) 能确定检验批;进行分项工程、分部工程、单位工程的检验; (2) 能进行土建工程施工现场质量控制; (3) 能编制单位工程检验文件; (4) 能编制质量管理的规章制度; (5) 能进行土建工程施工质量控制资料核查; (6) 能根据现场实际情况,综合各方面影响因素,提出解决方案; (7) 能具有独立判断和解决问题能力;能坚持原则、秉公办事。	(1) 建筑工程项目质量验收规范知识; (2) 工序质量控制措施;各种影响质量因素的控制措施; (3) 检验批、分项工程检验文件的编制;分部工程检验文件和单位工程检验文件的编制; (4) 各项质量管理的规章制度编制要求; (5) 土建工程施工质量控制资料核查; (6) 理论与实践相结合; (7) 工作态度与责任感的培养。	(1) 企业导师指导; (2) 直接参与建筑工程项目工作; (3) 认真负责,坚持原则; (4) 成果:实习日记和项目报告。

6. 安全生产检查与管理

实习目标	实习内容	实习要求
(1) 能参与编制建筑工程项目安全生产管理计划,专项方案、应急预案并实施; (2) 能对现场施工机械、临时用电及劳保用品进行安全符合性判断; (3) 能识别危险源并进行安全交底; (4) 能对施工现场安全标识、设施、设备进行检查和管理; (5) 能参与安全事故救援和处理; (6) 能收集、整理安全检查与管理资料; (7) 能主动学习,能根据现场实际情况,综合各方面影响因素,提出解决方案; (8) 能独立判断和解决安全问题;能够坚持原则、秉公办事、吃苦耐劳、勤恳工作。	(1) 安全生产责任制,安全生产管理机构,建筑工程项目安全生产管理计划和应急预案的编制知识;安全专项方案的编制及实施知识; (2) 施工机械、临时用电及劳保用品的安全规范要求; (3) 危险源识别与安全交底; (4) 安全生产的国家标准; (5) 事故的防范、救援和处理措施; (6) 安全资料的整理归档; (7) 工作态度与责任感的培养。	(1) 企业、学校导师指导; (2) 直接参与建筑工程项目工作; (3) 认真负责,坚持原则; (4) 成果:实习日记和项目报告。

7. 资料收集与整理

实习目标	实习内容	实习要求
(1) 能编制与整理工程质量、安全、进度、监理等资料; (2) 能编制与整理建筑工程竣工验收文件; (3) 能编制资料计划,进行资料归档、保管、移交等管理; (4) 能应用计算机及相关软件编制与管理施工技术资料; (5) 具有使用先进办公及管理设备的能力; (6) 具有自主学习能力,能理顺多元化背景资料; (7) 能与人交流合作,协调各部门、各岗位及相关单位的工作关系,形成良好的工作氛围; (8) 具有团结协作、求真务实、科学严谨的工作态度和独立工作的能力。	(1) 工程质量、安全、进度、监理等资料的编制与整理知识; (2) 工程竣工验收文件的编制与整理知识; (3) 资料归档、保管、移交; (4) 利用计算机及相关软件编制管理施工技术资料; (5) 数学、逻辑学等知识的应用; (6) 工作态度、协同工作与责任感的培养。	(1) 企业导师指导; (2) 在建筑工程项目全过程中收集资料; (3) 认真负责,坚持原则、交流合作; (4) 成果:实习日记和项目报告。

二、工程造价、工程管理专业

1. 施工图预算(概算)编制

实习目标	实习内容	实习要求
(1) 遵守《中华人民共和国建筑法》《中华人民共和国招标投标法》,执行《建设工程工程量清单计价规范》《房屋建筑与装饰工程工程量计算规范》《通用安装工程工程量计算规范》编制造价文件; (2) 掌握编制设计概算的技能; (3) 掌握编制施工图预算的技能; (4) 能按照国家保密法要求不泄密有保密要求的图纸资料; (5) 能吃苦耐劳、勤奋敬业、细致认真、精益求精地完成实习任务; (6) 能遵守实习单位的各项纪律和规定; (7) 不接收利益方的招待和财物; (8) 实事求是,不弄虚作假; (9) 虚心好学,团结同事,培养自己的团队合作能力。	(1) 熟悉工程所在地的计价定额和费用定额; (2) 熟悉工程所在地的人工、材料、机械台班单价; (3) 根据初步设计施工图、概算(预算)定额和地区费用定额编制设计概算; (4) 根据施工图和预算定额,计算定额工程量;根据定额工程量、地区预算定额、地区材料单价、地区施工机具单价和费用定额,计算分部分项工程费、措施项目费、其他项目费、规费和税金。	(1) 与实习单位签订安全、保密协议; (2) 任务是按照校内导师和企业导师要求,完成编制施工图预算的工作。

2. 工程量清单及投标报价编制

实习目标	实习内容	实习要求
(1) 遵守《中华人民共和国建筑法》《中华人民共和国招标投标法》,执行《建设工程工程量清单计价规范》《房屋建筑与装饰工程工程量计算规范》《通用安装工程工程量计算规范》编制造价文件; (2) 掌握编制建筑工程和装饰工程招标控制价、投标报价的技能; (3) 掌握编制安装工程招标控制价、投标报价的技能; (4) 掌握人工单价、机械台班单价、材料单价编制方法; (5) 掌握综合单价编制方法; (6) 掌握措施项目费计算方法; (7) 掌握其他项目费计算方法; (8) 掌握规费和税金计算方法; (9) 能按照国家保密法要求不泄密有保密要求的图纸资料; (10) 能吃苦耐劳、勤奋敬业、细致认真、精益求精地完成实习任务; (11) 能遵守实习单位的各项纪律和规定; (12) 不接收利益方的招待和财物; (13) 实事求是,不弄虚作假; (14) 虚心好学,团结同事,培养自己的团队合作能力。	(1) 熟悉工程所在地的计价定额和费用定额; (2) 熟悉工程所在地的人工、材料、机械台班市场单价; (3) 熟悉招标文件的编制内容; (4) 熟悉建设工程工程量计算规范、房屋建筑与装饰工程工程量计算规范、通用安装工程工程量计算规范的内容; (5) 熟悉招标工程量清单的编制内容; (6) 熟悉编制拟建工程招标控制价、投标报价的程序。	(1) 与实习单位签订安全、保密协议; (2) 任务是按照校内导师和企业导师要求,完成编制含建筑、装饰、安装工程内容的投标报价。

3. 工程结算编制

实习目标	实习内容	实习要求
(1) 遵守《中华人民共和国建筑法》《中华人民共和国招标投标法》,执行《建设工程工程量清单计价规范》《房屋建筑与装饰工程工程量计算规范》《通用安装工程工程量计算规范》编制造价文件; (2) 掌握编制建筑工程和装饰工程结算的技能; (3) 掌握编制安装工程结算的技能; (4) 掌握工程量调整方法; (5) 掌握人工单价、机械台班单价、材料单价调整方法; (6) 掌握综合单价调整方法; (7) 掌握措施项目费调整方法; (8) 掌握其他项目费调整方法; (9) 掌握规费和税金调整方法; (10) 能按照国家保密法要求不泄露有保密要求的图纸资料; (11) 能吃苦耐劳、勤奋敬业、细致认真、精益求精地完成实习任务; (12) 能遵守实习单位的各项纪律和规定; (13) 不接收利益方的招待和财物; (14) 实事求是,不弄虚作假; (15) 虚心好学,团结同事,培养自己的团队合作能力。	(1) 熟悉工程所在地的计价定额和费用定额; (2) 熟悉工程所在地的人工、材料、机械台班市场单价; (3) 熟悉工程变更资料; (4) 熟悉建设工程工程量计算规范、房屋建筑与装饰工程工程量计算规范、通用安装工程工程量计算规范的内容; (5) 熟悉工程投标报价的内容; (6) 熟悉工程结算的编制程序。	(1) 与实习单位签订安全、保密协议; (2) 任务是按照校内导师和企业导师要求,完成编制含建筑、装饰、安装工程内容的工程结算。

三、建筑装饰工程技术专业

1. 建筑装饰装修工程施工技术管理

实习目标	实习内容	实习要求
(1) 掌握建筑装饰装修构造与工程施工技术与管理知识; (2) 具有较强的建筑装饰装修工程主要工种的操作能力、施工组织方案设计和指导各分项工程施工能力。	(1) 参与编制施工方案、进行施工组织设计及策划; (2) 参与图纸会审与技术交底; (3) 参与现场施工技术管理; (4) 协同进行质量、安全与环境管理; (5) 主动学习、根据现场实际情况,综合各方面影响因素,提出解决方案。	(1) 在工程项目现场直接参与项目工作; (2) 具有严谨的工作态度和团队协作、吃苦耐劳的精神,遵守行业规范。

2. 建筑装饰装修工程造价

实习目标	实习内容	实习要求
(1) 掌握建筑装饰装修工程计量与计价的知识； (2) 具有较强的中小型建筑装饰装修工程预决算编制能力、工程成本控制分析能力和编制投标经济标的能力。	(1) 应用有关计量计价软件； (2) 编制工程预算； (3) 编制投标报价； (4) 装饰装修工程的工料和成本控制分析； (5) 编制工程竣工结算； (6) 与相关部门协调配合。	(1) 在办公室或项目现场直接参与项目工作； (2) 具有严谨的工作态度和团队协作、吃苦耐劳的精神，遵守行业规范。

3. 建筑装饰装修工程信息管理

实习目标	实习内容	实习要求
(1) 掌握建筑装饰装修工程技术资料管理的知识； (2) 具有熟练的建筑装饰装修工程技术资料的收集与整理能力。	(1) 收集与整理建筑装饰工程施工资料、监理资料与整理工程质量、安全、进度等资料； (2) 竣工验收文件的编制与整理； (3) 编制与管理施工资料，进行资料归档、保管、移交等管理工作。	(1) 在办公室和项目现场全过程收集资料； (2) 具有严谨的工作态度和团队协作、吃苦耐劳的精神，遵守行业规范。

4. 建筑装饰装修材料采供与管理

实习目标	实习内容	实习要求
(1) 掌握建筑装饰装修材料采供、管理与运用的知识； (2) 具有建筑装饰装修材料应用、采购和管理的能力。	(1) 装饰材料的询价、采购； (2) 对装饰材料进行质量检测，判别常用建筑装饰材料的质量等级，并确认其规格指标； (3) 装饰材料验收及管理，根据施工规范进行材料检验批的抽样送检； (4) 对建筑装饰材料进场、验收、抽样、送检、分类、存储、保管、发放、回收等进行综合管理； (5) 进行协调沟通，团队合作，顺利开展工作。	(1) 在办公室、材料市场、项目现场直接参与项目工作； (2) 具有严谨的工作态度和团队协作、吃苦耐劳的精神，遵守行业规范。

5. 建筑装饰装修工程质量管理

实习目标	实习内容	实习要求
(1) 掌握建筑装饰装修工程施工质量管理与检验的知识； (2) 具有较强的建筑装饰装修工程施工质量控制和质量检验的能力。	(1) 确定检验批，进行分项工程、分部工程、单位工程的检验； (2) 进行装饰工程施工现场质量控制； (3) 编制单位工程检验文件及质量管理的规章制度； (4) 进行建筑装饰工程施工质量控制资料核查。	(1) 在项目现场直接参与项目工作； (2) 具有严谨的工作态度和团队协作、吃苦耐劳的精神，遵守行业规范。

6. 建筑装饰装修工程安全管理

实习目标	实习内容	实习要求
(1) 掌握建筑装饰装修工程施工安全管理的知识； (2) 具有较强的建筑装饰装修工程施工安全检查与管理的能力。	(1) 参与编制建筑装饰工程项目安全生产安全管理计划、专项方案、应急预案并实施； (2) 对施工现场施工机械，临时用电及劳保用品进行安全符合性判断； (3) 识别危险源并进行安全交底； (4) 对施工现场安全标识、设施、设备进行检查和管理； (5) 参与安全事故救援和处理； (6) 收集、整理安全检查和管理资料。	(1) 在项目现场直接参与项目工作； (2) 具有严谨的工作态度和团队协作、吃苦耐劳的精神，遵守行业规范。

7. 建筑装饰装修设计与效果图、施工图绘制

实习目标	实习内容	实习要求
(1) 掌握建筑装饰装修工程制图、识图和装饰设计知识； (2) 具有中小型装饰装修工程方案设计、方案效果图设计、施工图绘制能力。	(1) 识读并正确领会建筑装饰施工图纸，并能准确引用标准图集； (2) 设计草图表现，绘制空间透视图，手绘效果图表现； (3) 运用软件绘制效果图，绘制建筑装饰施工图； (4) 编制装饰工程图技术文件。	(1) 在办公室直接参与项目设计与绘图工作； (2) 具有严谨的工作态度和团队协作、吃苦耐劳的精神，遵守行业规范。

四、市政工程技术、道路与桥梁工程技术、城市轨道工程技术专业

1. 施工技术管理

实习目标	实习内容	实习要求
(1) 具备组织协调、合作沟通能力； (2) 能编制施工组织设计； (3) 能组织施工，进行施工放样测量； (4) 能进行施工现场质量、进度、成本、安全、资料管理； (5) 会审专业施工图纸，能根据施工实际对设计图纸提出合理的修正意见； (6) 能绘制工程竣工图； (7) 能处理施工过程中出现的一些简单问题。	(1) 熟悉国家的技术标准和规范； (2) 审查图纸，编制施工方案，提出材料计划； (3) 技术及安全交底； (4) 现场技术管理、资料管理； (5) 控制进度，文明施工； (6) 施工过程质量、进度、成本控制。	(1) 在工程项目现场直接参与项目工作； (2) 具有严谨的工作态度和团队协作、吃苦耐劳的精神，遵守行业规范。

2. 施工质量管理

实习目标	实习内容	实习要求
(1) 具有严谨的工作态度和实事求是的工作作风； (2) 具备组织协调、合作沟通能力； (3) 能验算工程结构构造和一般构件； (4) 能进行工程质量检验与评定； (5) 能处理一般工程质量缺陷； (6) 能进行测量与变形观测。	(1) 熟悉施工与质量验收规范； (2) 材料的进场取样及送试检验； (3) 检查项目质量计划的实施情况，做好记录； (4) 各分部分项工程的质量监督、检查和验收； (5) 参与实施单位或分部工程的质量交底，参加对新工艺、新技术的质量保证编制措施； (6) 隐蔽工程的记录，隐蔽工程验收，分项工程质量检验评定，分部工程、单位工程质量检验评定，基础、结构验收，竣工验收； (7) 质量事故的分析及处理； (8) 受理和解释业主及有关方面的质量咨询及质量投诉。	(1) 在工程项目现场直接参与项目工作； (2) 具有严谨的工作态度和团队协作、吃苦耐劳的精神，遵守行业规范。

3. 施工资料管理

实习目标	实习内容	实习要求
(1) 具有团结协作、科学严谨的工作态度； (2) 会进行资料分类、汇总、整理、归档； (3) 能正确填写分部分项工程的验收资料； (4) 具备整理施工技术资料的能力； (5) 具备资料信息系统管理的能力。	(1) 进行工程项目资料、图纸等的收集、汇总、归档及管理； (2) 填写分部分项工程验收资料； (3) 编制竣工验收文件； (4) 工程项目的内业管理工作及其他任务。	(1) 在办公室和项目现场全过程收集资料； (2) 具有严谨的工作态度和团队协作、吃苦耐劳的精神，遵守行业规范。

4. 施工造价管理

实习目标	实习内容	实习要求
(1) 具有严谨的工作作风和良好的职业道德； (2) 具有正确应用定额、执行相关法律法规的能力； (3) 能编制工程清单计价文件； (4) 能编制工程招标控制价、投标报价文件； (5) 能编制工程施工图预算、竣工结算文件； (6) 会计算工程变更、索赔造价； (7) 能处理简单的工程造价纠纷。	(1) 熟习相关法律法规； (2) 收集经济技术资料； (3) 编制投标报价、招标控制价文件； (4) 编制施工图预算； (5) 编制工程结算； (6) 编制工程变更、索赔造价文件； (7) 处理工程造价纠纷。	(1) 在办公室或项目现场直接参与项目工作； (2) 具有严谨的工作态度和团队协作、吃苦耐劳的精神，遵守行业规范。

5. 施工安全管理

实习目标	实习内容	实习要求
(1) 树立安全生产、劳动保护意识； (2) 能编制工程安全技术措施； (3) 能对各分部分项工程施工的安全注意事项进行安全交底； (4) 能够对各分部分项工程安全防护、安全操作、施工质量进行监督检查，能及时发现问题并解决，消除安全和质量隐患。	(1) 熟悉国家地方有关主管部门关于安全的方针政策、规范、制度； (2) 参与检查督促施工现场的安全生产、劳动保护等各项安全规定的落实； (3) 安全技术措施编制、安全技术交底； (4) 安全检查与控制； (5) 安全防范和事故处理。	(1) 在项目现场直接参与项目工作； (2) 具有严谨的工作态度和团队协作、吃苦耐劳的精神，遵守行业规范。

五、建筑消防技术专业

1. 建筑消防给水工程设计(设计岗)

实习目标	实习内容	实习要求
(1) 会根据实际建筑进行消防系统给水方案的确定； (2) 能进行流量计算； (3) 会进行水头损失计算； (4) 会进行系统水压确定； (5) 会进行消防设施的选型； (6) 会进行消防给水系统施工图的绘制。	(1) 建筑消防系统的给水方案的确定； (2) 流量计算； (3) 水头损失计算； (4) 水压确定； (5) 建筑消防设施的选型； (6) 消防给水系统施工图的绘制。	(1) 计算书：给水系统流量计算、水头损失计算及水压确定要求公式运用正确，引用数据有根据，计算步骤层次清楚，计算结果正确，计算书表格清晰合理； (2) 图纸：设计图纸要求达到施工图设计深度，图面美观，设计合理，并符合制图标准。

2. 建筑防排烟工程设计(设计岗)

实习目标	实习内容	实习要求
(1) 会根据建筑情况进行防排烟方案的确定； (2) 会进行防排烟系统排烟量及补风量计算； (3) 会进行风系统的水力计算； (4) 会进行排烟、补风设备的选型； (5) 会进行建筑防排烟施工图的绘制。	(1) 建筑防排烟方案确定； (2) 排烟量、补风量计算； (3) 风系统水力计算； (4) 排烟、补风设备选型； (5) 建筑防排烟施工图的绘制。	(1) 计算书：排烟量及补风量计算书和水力计算书要求公式运用正确，引用数据有根据，计算步骤层次清楚，计算结果正确，计算书表格清晰合理； (2) 图纸：设计图纸要求达到施工图设计深度，图面美观，设计合理，并符合制图标准。

3. 施工技术管理(施工安装岗)

实习目标	实习内容	实习要求
初步具备施工技术管理能力	(1) 参与图纸会审、技术核定； (2) 参与施工作业班组的技术交底； (3) 参与测量放线。	(1) 能够对设计图纸常见的技术问题提出改进意见； (2) 能够完成消防设备安装工程的技术交底； (3) 熟练完成测量放线。

4. 施工进度成本控制(施工安装岗)

实习目标	实习内容	实习要求
初步具备施工进度控制能力	(1) 参与制定并调整施工进度计划、施工资源需求计划和编制施工作业计划； (2) 参与施工现场组织协调，落实施工作业计划； (3) 参与现场经济签证、成本控制及成本核算。	(1) 能够完成消防设备安装工程的施工计划、施工资源需求计划和施工作业计划； (2) 初步具备施工现场的沟通协调能力，执行施工作业计划； (3) 会正确填写现场经济签证。初步具备成本控制及成本核算能力。

5. 施工安全管理(施工安装岗)

实习目标	实习内容	实习要求
初步具备施工质量和安全控制能力	(1) 参与质量、环境与职业健康安全的预控； (2) 负责施工作业的质量、环境与职业健康安全控制，参与隐蔽、分项和单位工程的质量验收； (3) 参与质量、环境与职业健康安全问题的调查，提出整改措施并落实。	(1) 能够对质量、环境与职业健康安全进行正确预控； (2) 能够进行隐蔽、分项和单位工程的质量验收； (3) 能够对质量、环境与职业健康安全问题的调查结果提出整改措施并落实。

6. 施工信息资料管理(施工安装岗)

实习目标	实习内容	实习要求
具备整理施工技术资料管理能力	(1) 编写施工日志、施工记录等相关施工资料； (2) 参与汇总、整理施工资料。	(1) 编写施工日志、施工记录等相关施工资料完成准确，重点突出，条理清晰； (2) 能够熟练汇总、整理施工资料。

7. **建筑消防给水安装工程造价(工程造价岗)**

实习目标	实习内容	实习要求
(1) 能够识读消防给水工程施工图; (2) 能够熟练应用消防给水工程定额; (3) 会编制消防给水工程量清单; (4) 会编制消防给水工程投标报价; (5) 学会收集消防排水工程造价相关市场信息。	(1) 建筑消防给水施工图的识读; (2) 给水工程量计算; (3) 给水工程量清单编制; (4) 给水工程投标报价编制; (5) 工程报价书整理、装订。	(1) 工程量清单内容齐全,无多项漏项; (2) 套用定额正确,取费标准符合要求; (3) 投标报价合理; (4) 报价书装订顺序正确。

8. **建筑防排烟工程造价(工程造价岗)**

实习目标	实习内容	实习要求
(1) 能够识读建筑防排烟工程施工图; (2) 能够熟练应用相关工程定额; (3) 会编制建筑防排烟工程量清单; (4) 会编制建筑防排烟工程投标报价; (5) 学会收集建筑防排烟工程造价相关市场信息。	(1) 建筑防排烟施工图的识读; (2) 防排烟工程量计算; (3) 防排烟工程量清单编制; (4) 防排烟工程投标报价编制; (5) 工程报价书整理、装订。	(1) 工程量清单内容齐全,无多项漏项; (2) 套用定额正确,取费标准符合要求; (3) 投标报价合理; (4) 报价书装订顺序正确。

9. **消防安装工程施工组织设计(工程造价岗)**

实习目标	实习内容	实习要求
(1) 能结合项目具体情况编制安装工程施工组织设计; (2) 初步具备施工进度、质量、成本、安全等方面管理能力; (3) 熟悉施工现场,能协调施工安装过程中出现的一些简单问题。	(1) 建筑消防安装工程施工组织设计的编制; (2) 建筑消防安装工程施工进度、质量、成本、安全、合同、信息控制措施。	(1) 施工组织设计编制内容齐全; (2) 施工方案符合现场情况,合理可行; (3) 施工进度、质量、安全、成本等控制措施具有可操作性。

10. 建筑消防运行管理(运行管理岗)

实习目标	实习内容	实习要求
(1) 会进行消防系统正常启动与停机操作； (2) 会进行常见消防系统运行故障分析与排除； (3) 初步具备消防系统日常维护能力； (4) 会正确填写运行管理日志。	(1) 消防系统正常启动与停机操作； (2) 常见消防系统运行故障分析与排除； (3) 消防系统日常维护； (4) 运行管理日志的填写。	(1) 消防系统启动与停机操作符合规范要求； (2) 能正确排除消防系统运行故障； (3) 能正确进行消防系统日常维护； (4) 运行管理日志填写正确。

六、建筑智能化工程技术专业

1. 建筑供配电与照明设计(设计岗)

实习目标	实习内容	实习要求
(1) 能进行电力负荷统计、计算、确定负荷等级、选择变压器台数及容量； (2) 能依据工程实际确定供电电源方案，变配电所一次接线方案，绘制变配电所一次接线系统图； (3) 能正确选择高压低压电气设备型号及主要参数； (4) 能正确选择电线、电缆型号及规格，确定布线方式及要求； (5) 能确定正常照明、应急照明设计要求、照度计算，正确选择、布置电光源与灯具； (6) 确定照明配电方案，绘制照明与动力配电平面图、配电箱系统图； (7) 能确定建筑防雷的分级、防雷措施及要求，绘制防雷施工图； (8) 确定接地的种类及做法，绘制接地施工图。	(1) 电力负荷的统计、分级与计算； (2) 变配电系统一次接线方案设计； (3) 高低压电气设备的选择； (4) 配电线路设计； (5) 电气照明设计； (6) 防雷与接地设计。	(1) 应选用国家、行业及相关的现行规范、标准； (2) 计算书：电力负荷计算和线路计算要求公式正确，引用参数有根据，计算步骤层次清晰，计算结果正确，计算书表格规范； (3) 设备、材料选择符合行业标准和现行规范要求； (4) 图纸：设计图纸要求达到施工图设计深度，图面美观，设计合理，符合制图标准。

2. 火灾自动报警系统设计(设计岗)

实习目标	实习内容	实习要求
(1) 能依据规范确定建筑的火灾自动报警保护等级和选择系统形式； (2) 能正确划分所给工程的探测区域和报警区域； (3) 能合理选择报警设备的类型及容量； (4) 能正确选择和布置火灾探测和报警设备； (5) 能依据相关专业提供的消防设备条件明确消防联动控制的内容及控制要求，选择及布置相应的控制模块； (6) 能正确选择火灾自动报警与联动控制系统配线及敷设方式； (7) 能进行消防控制室的选址、面积确定、设备布置； (8) 会进行火灾自动报警施工图的绘制。	(1) 火灾自动报警系统保护对象分级，系统形式确定； (2) 探测区域和报警区域的划分； (3) 系统设备选型及布置，系统线路设计； (4) 消防联动控制系统的设计； (5) 火灾自动报警系统施工图绘制。	(1) 应选用国家、行业及相关的现行规范、标准； (2) 计算书：报警设备容量计算和回路容量确定应准确，引用参数有根据； (3) 设备、材料选择符合行业标准和现行规范要求； (4) 图纸：设计图纸要求达到施工图设计深度，图面美观，设计合理，符合制图标准。

3. 安全防范系统工程设计(设计岗)

实习目标	实习内容	实习要求
(1) 能根据建筑功能要求确定各个系统的结构形式； (2) 能依据各系统的结构形式选择相应的设备和材料；； (3) 能确定每个系统的接线和设备布置要求； (4) 会进行工程设计施工绘制图。	(1) 闭路电视监控系统； (2) 防盗报警系统； (3) 楼宇对讲系统； (4) 门禁系统； (5) 停车场管理系统。	(1) 应选用国家、行业及相关的现行规范、标准； (2) 计算书：设备容量计算和回路容量确定应准确，引用参数有根据； (3) 设备、材料选择符合行业标准和现行规范要求； (4) 图纸：设计图纸要求达到施工图设计深度，图面美观，设计合理，符合制图标准。

4. 信息与网络系统设计(设计岗)

实习目标	实习内容	实习要求
(1) 能分析确定信息网络系统的设计标准和信息点位布置； (2) 能确定局域网的结构形式； (3) 能选择信息网络系统设备和材料； (4) 会进行局域网组网方案设计； (5) 会进行电话机房、网络中心机房设计； (6) 会进行综合布线系统工程施工图绘制。	(1) 局域网组网设计； (2) 综合布线系统设计。	(1) 应选用国家、行业及相关的现行规范、标准； (2) 计算书：设备容量计算应准确，引用参数有根据； (3) 设备、材料选择符合行业标准和现行规范要求； (4) 图纸：设计图纸要求达到施工图设计深度，图面美观，设计合理，符合制图标准。

5. 施工技术管理(施工安装岗)

实习目标	实习内容	实习要求
初步具备施工技术管理能力	(1) 参与图纸会审、技术核定; (2) 参与施工作业班组的技术交底; (3) 参与测量放线; (4) 参与管线、设备安装预留、预埋; (5) 参与安装施工过程中操作与技术指导。	(1) 熟悉施工图会审的内容及程序;初步具备设备安装工程的技术交底能力; (2) 能看懂工程图并能对工程图中的工艺与技术问题提出合理建议; (3) 掌握测量放线的基本要领,具备测量放线操作能力; (4) 能确定预留预埋的内容及做法,配合土建施工完成预留预埋; (5) 掌握设备、管线的安装施工工艺,具备基本操作技能; (6) 初步具备施工工程中处理相应技术问题的能力。

6. 施工进度成本控制(施工安装岗)

实习目标	实习内容	实习要求
初步具备施工组织设计和施工进度控制能力	(1) 参与工程施工组织设计,参与网络计划的编制; (2) 参与制定并调整施工进度计划、施工资源需求计划和编制施工作业计划; (3) 参与施工现场组织协调,落实施工作业计划; (4) 参与现场经济签证、成本控制及成本核算。	(1) 能进行工程施工组织设计,会编制网络计划图; (2) 能调整和控制一般设备安装工程的施工进度计划、施工资源需求计划和施工作业计划; (3) 初步具备施工过程中的组织、沟通和协调能力; (4) 初步掌握确定成本控制的方法,能根据实际情况进行成本控制; (5) 会正确填写现场经济签证。初步具备成本控制及成本核算能力。

7. 施工安全管理(施工安装岗)

实习目标	实习内容	实习要求
初步具备施工质量和安全控制能力	(1) 参与质量、环境与职业健康、安全的预控; (2) 参与质量、环境与职业健康、安全问题的调查,提出整改措施并落实; (3) 参与施工作业的质量、环境与职业健康、安全的控制,参与隐蔽、分项和单位工程的质量验收。	(1) 能制订质量、环境与职业健康、安全等预控措施并实施; (2) 掌握隐蔽、分项和单位工程的质量验收内容、验收方法和验收组织; (3) 能对质量、环境与职业健康、安全问题的调查结果提出整改措施并落实。

8. 施工信息资料管理(施工安装岗)

实习目标	实习内容	实习要求
具备施工技术资料整理与管理能力	(1) 编写施工日志、施工记录等相关施工资料； (2) 参与汇总、整理施工资料。	(1) 完整准确地编写施工日志、施工记录等相关施工资料，内容完整、重点突出、条理清晰； (2) 能够熟练汇总、整理归档施工资料。

9. 建筑智能化工程造价(工程造价岗)

实习目标	实习内容	实习要求
(1) 能正确识读建筑智能化工程施工图； (2) 能熟练应用建筑智能化工程定额； (3) 会编制建筑智能化工程量清单； (4) 会编制建筑智能化工程投标报价； (5) 会收集建筑智能化工程造价相关市场信息。	(1) 识读建筑智能化工程施工图； (2) 建筑智能化工程量计算； (3) 建筑智能化工程量清单编制； (4) 建筑智能化工程投标报价编制； (5) 建筑智能化工程报价书整理、装订。	(1) 工程量清单内容齐全，无多项漏项； (2) 套用定额正确，取费标准符合要求； (3) 投标报价合理； (4) 报价书装订顺序正确。

10. 消防工程造价(工程造价岗)

实习目标	实习内容	实习要求
(1) 能正确识读消防工程施工图； (2) 能熟练应用消防工程定额； (3) 会编制消防工程量清单； (4) 会编制消防工程投标报价； (5) 会收集消防工程造价相关市场信息。	(1) 识读消防工程施工图； (2) 消防工程量计算； (3) 消防工程量清单编制； (4) 消防工程投标报价编制； (5) 消防工程报价书整理、装订。	(1) 工程量清单内容齐全，无多项漏项； (2) 套用定额正确，取费标准符合要求； (3) 投标报价合理； (4) 报价书装订顺序正确。

11. 信息与网络系统工程造价(工程造价岗)

实习目标	实习内容	实习要求
(1) 能正确识读信息与网络系统工程施工图； (2) 能熟练应用信息与网络系统工程定额； (3) 会编制信息与网络系统工程量清单； (4) 会编制信息与网络系统工程投标报价； (5) 会收集信息与网络系统工程造价相关市场信息。	(1) 识读信息与网络系统施工图； (2) 信息与网络系统工程量计算； (3) 信息与网络系统工程量清单编制； (4) 信息与网络系统工程投标报价编制； (5) 信息与网络系统工程报价书整理、装订。	(1) 工程量清单内容齐全，无多项漏项； (2) 套用定额正确，取费标准符合要求； (3) 投标报价合理； (4) 报价书装订顺序正确。

12. 变配电系统运行管理(运行管理岗)

实习目标	实习内容	实习要求
(1) 会进行用户变电所正常送电与断电操作; (2) 会进行建筑各动力设备的运行控制操作; (3) 能分析和排除变配电系统、动力设备配电与控制系统、照明配电与控制系统的运行故障; (4) 能进行建筑供配电系统的日常维护和管理; (5) 会正确填写运行管理日志。	(1) 用户变电所正常运行与管理操作; (2) 建筑动力配电系统系统的运行、管理与维护; (3) 照明配电系统的运行、管理与维护; (4) 常见变配电系统运行故障分析与排除; (5) 用电系统运行管理日志的填写。	(1) 用户变电所正常送电与断电操作应符合安全操作规程; (2) 建筑各动力设备的运行控制操作应符合安全操作规程; (3) 能正确分析和排除建筑供配电、动力与照明系统的运行故障; (4) 能正确进行建筑供配电系统的日常维护和管理; (5) 运行管理日志填写正确。

13. 火灾自动报警系统运行管理(运行管理岗)

实习目标	实习内容	实习要求
(1) 能进行火灾自动报警与消防联动控制系统正常启动与停机操作; (2) 具备火灾自动报警与消防联动控制系统的运行、巡检操作能力; (3) 能分析与排除火灾自动报警与消防联动控制系统运行中常见故障; (4) 初步具备火灾自动报警与消防联动控制系统日常维护能力; (5) 会正确填写系统运行管理日志。	(1) 火灾自动报警与消防联动控制系统正常启动与停机操作; (2) 火灾自动报警与消防联动控制系统的运行、巡检操作; (3) 火灾自动报警与消防联动控制系统运行故障分析与排除; (4) 火灾自动报警与消防联动控制系统日常维护; (5) 系统运行管理日志的填写。	(1) 火灾自动报警与消防联动控制系统启动与停机操作符合操作规程; (2) 火灾自动报警与消防联动控制系统的运行调节方法正确,运行程序及参数符合规范要求; (3) 能正确分析与排除火灾自动报警与消防联动控制系统运行中常见故障; (4) 能正确进行系统日常维护,正确填写系统运行管理日志。

14. 安全防范系统、信息与网络系统运行管理(运行管理岗)

实习目标	实习内容	实习要求
(1) 能进行各系统正常启动与停机操作; (2) 具备各系统的运行操作能力; (3) 能分析与排除各系统运行中常见故障; (4) 初步具备各系统日常维护能力; (5) 会正确填写各系统运行管理日志。	(1) 闭路电视监控系统运行、管理与维护; (2) 防盗报警系统运行、管理与维护; (3) 楼宇对讲系统运行、管理与维护; (4) 门禁系统运行、管理与维护; (5) 停车场管理系统运行、管理与维护; (6) 局域网运行、管理与维护。	(1) 各系统启动与停机操作符合操作规程; (2) 各系统的运行调节方法正确,运行程序及参数符合规范要求; (3) 能正确分析与排除各系统运行中常见故障; (4) 能正确进行系统日常维护与管理,正确填写系统运行管理日志。

15. 建筑设备监控系统运行管理(运行管理岗)

实习目标	实习内容	实习要求
(1) 能进行各监控系统正常启动与停机操作； (2) 具备各监控系统的运行操作能力； (3) 能分析与排除各监控系统运行中常见故障； (4) 初步具备各监控系统日常维护能力； (5) 会正确填写各监控系统运行管理日志。	(1) 集中空调监控系统运行、管理与维护； (2) 建筑供配电监控系统运行、管理与维护； (3) 电梯监控系统运行、管理与维护； (4) 智能照明监控系统运行、管理与维护； (5) 建筑给水监控系统运行、管理与维护。	(1) 各监控系统启动与停机操作符合操作规程； (2) 各监控系统的运行调节方法正确，运行程序及参数符合规范要求； (3) 能正确分析与排除各监控系统运行中常见故障； (4) 能正确进行各监控系统日常维护与管理，正确填写系统运行管理日志。

七、建筑设备工程技术专业

1. 采暖工程设计(设计岗)

实习目标	实习内容	实习要求
(1) 会利用专业软件进行采暖系统热负荷的计算； (2) 会根据实际建筑进行采暖系统形式的选择； (3) 会进行散热器的选型及布置； (4) 会进行采暖管道的布置并利用专业软件水力计算； (5) 会进行采暖系统支架、补偿器、阀门附件的选择与布置； (6) 会进行采暖施工图的绘制。	(1) 采暖系统热负荷的计算； (2) 采暖系统形式的选择； (3) 散热器的选型及布置； (4) 采暖管道的布置及水力计算； (5) 采暖系统支架、补偿器、阀门附件的选择与布置； (6) 采暖施工图的绘制。	(1) 计算书：热负荷计算书和水力计算书要求计算参数正确，计算书表格清晰合理； (2) 图纸：设计图纸要求达到施工图设计深度，图面美观，设计合理，并符合制图标准。

2. 地暖工程设计(设计岗)

实习目标	实习内容	实习要求
(1) 会利用专业软件进行采暖系统热负荷的计算； (2) 会根据负荷指标确定地暖埋管间距； (3) 会进行分集水器选型； (4) 会进行地暖盘管的布置； (5) 会进行地暖干管系统的布置及水力计算； (6) 会进行地暖施工图的绘制。	(1) 采暖系统热负荷的计算； (2) 地暖埋管间距确定； (3) 分集水器选型； (4) 地暖盘管的布置； (5) 地暖干管系统的布置及水力计算； (6) 地暖施工图的绘制。	(1) 计算书：热负荷计算书和水力计算书要求计算参数正确，计算书表格清晰合理； (2) 图纸：设计图纸要求达到施工图设计深度，图面美观，设计合理，并符合制图标准。

3. 中央空调系统设计(设计岗)

实习目标	实习内容	实习要求
(1) 会进行空调系统冷(热)负荷的计算;会进行通风系统风量确定; (2) 会根据实际建筑进行空调系统形式的选择; (3) 会进行空气处理设备的选型及布置; (4) 会进行空调送回风口的选型及布置; (5) 会进行空调风系统管路的布置及水力计算; (6) 会进行空调水系统管路的布置及水力计算; (7) 会进行制冷(热)机房的布置及设备的选型; (8) 会进行空调施工图的绘制。	(1) 空调系统冷(热)负荷的计算;通风系统风量确定; (2) 空调系统形式的选择; (3) 空气处理设备的选型及布置; (4) 空调送回风口的选型及布置; (5) 空调风系统管路的布置及水力计算; (6) 空调水系统管路的布置及水力计算; (7) 制冷(热)机房的布置及设备的选型; (8) 空调施工图的绘制。	(1) 计算书:冷(热)负荷计算书和水力计算书要求计算参数正确,计算书表格清晰合理; (2) 图纸:设计图纸要求达到施工图设计深度,图面美观,设计合理,并符合制图标准。

4. 多联式空调系统设计(设计岗)

实习目标	实习内容	实习要求
(1) 会进行空调系统冷(热)负荷的计算; (2) 会进行新风机组及多联系统室内机和室外机的选型及布置; (3) 会进行空调送回风口的选型及布置; (4) 会进行空调风系统管路的布置及水力计算; (5) 会进行多联系统制冷剂管路的布置及规格选择; (6) 会进行空调施工图的绘制。	(1) 空调系统冷(热)负荷的计算; (2) 新风机组及多联系统室内机和室外机的选型及布置; (3) 空调送回风口的选型及布置; (4) 空调风系统管路的布置及水力计算; (5) 多联系统制冷剂管路的布置及规格选择; (6) 空调施工图的绘制。	(1) 计算书:冷(热)负荷计算书和水力计算书要求计算参数正确,计算书表格清晰合理; (2) 图纸:设计图纸要求达到施工图设计深度,图面美观,设计合理,并符合制图标准。

5. 建筑给水排水系统设计(设计岗)

实习目标	实习内容	实习要求
(1) 会进行卫生器具的选择与布置; (2) 会进行生活给水及排水设计流量的计算; (3) 会进行给水管、排水管的布置及利用专业软件进行水力计算; (4) 会进行水泵、水箱、气压罐及阀门等设备附件选型; (5) 会进行给水排水施工图的绘制。	(1) 卫生器具的选择与布置; (2) 生活给水及排水设计流量的计算; (3) 给水管、排水管的布置及水力计算; (4) 水泵、水箱、气压罐及阀门等设备附件选型; (5) 给水排水施工图的绘制。	(1) 计算书:水力计算书要求计算参数正确,计算书表格清晰合理; (2) 图纸:设计图纸要求达到施工图设计深度,图面美观,设计合理,并符合制图标准。

6. 建筑消防系统设计(设计岗)

实习目标	实习内容	实习要求
(1) 会进行消火栓系统及自喷系统用水量的确定； (2) 会进行消火栓系统布置及水力计算； (3) 会进行自喷系统布置及水力计算； (4) 会进行消防水泵、水箱、气压罐及阀门等设备附件选型； (5) 会进行给水排水施工图的绘制。	(1) 消火栓系统及自喷系统用水量的确定； (2) 消火栓系统布置及水力计算； (3) 自喷系统布置及水力计算； (4) 消防水泵、水箱、气压罐及阀门等设备附件选型； (5) 给水排水施工图的绘制。	(1) 计算书：水力计算书要求计算参数正确，计算书表格清晰合理； (2) 图纸：设计图纸要求达到施工图设计深度，图面美观，设计合理，并符合制图标准。

7. 施工技术管理(施工安装岗)

实习目标	实习内容	实习要求
初步具备施工技术管理能力	(1) 参与图纸会审、技术核定； (2) 参与施工作业班组的技术交底； (3) 参与测量放线。	(1) 能够对设计图纸常见的技术问题提出改进意见； (2) 能够完成一般设备安装工程的技术交底； (3) 熟练完成测量放线。

8. 施工进度成本控制(施工安装岗)

实习目标	实习内容	实习要求
初步具备施工进度控制能力	(1) 参与制定并调整施工进度计划、施工资源需求计划和编制施工作业计划； (2) 参与施工现场组织协调，落实施工作业计划； (3) 参与现场经济签证、成本控制及成本核算。	(1) 能够完成一般设备安装工程的施工计划、施工资源需求计划和施工作业计划； (2) 初步具备施工现场的沟通协调能力，执行施工作业计划； (3) 会正确填写现场经济签证。初步具备成本控制及成本核算能力。

9. 质量安全管理(施工安装岗)

实习目标	实习内容	实习要求
初步具备施工质量和安全控制能力	(1) 参与质量、环境与职业健康安全的预控； (2) 负责施工作业的质量、环境与职业健康安全控制，参与隐蔽、分项和单位工程的质量验收； (3) 参与质量、环境与职业健康安全问题的调查，提出整改措施并落实。	(1) 能够对质量、环境与职业健康安全进行正确预控； (2) 能够进行隐蔽、分项和单位工程的质量验收； (3) 能够对质量、环境与职业健康安全问题的调查结果提出整改措施并落实。

10. 施工信息资料管理(施工安装岗)

实习目标	实习内容	实习要求
具备整理施工技术资料管理能力	(1) 编写施工日志、施工记录等相关施工资料; (2) 参与汇总、整理施工资料。	(1) 编写施工日志、施工记录等相关施工资料完成准确,重点突出,条理清晰; (2) 能够熟练汇总、整理施工资料。

11. 给水排水安装工程造价(工程造价岗)

实习目标	实习内容	实习要求
(1) 能够识读给排水工程施工图; (2) 能熟练应用给排水工程定额; (3) 会编制给水排水工程量清单; (4) 会编制给水排水工程投标报价; (5) 学会收集给排水工程造价相关市场信息。	(1) 给水排水施工图的识读; (2) 给水排水工程量计算; (3) 给水排水工程量清单编制; (4) 给水排水工程投标报价编制; (5) 工程报价书整理、装订。	(1) 工程量清单内容齐全,无多项漏项; (2) 套用定额正确,取费标准符合要求; (3) 投标报价合理; (4) 报价书装订顺序正确。

12. 采暖工程造价(工程造价岗)

实习目标	实习内容	实习要求
(1) 能够识读采暖工程施工图; (2) 能熟练应用采暖工程定额; (3) 会编制采暖工程量清单; (4) 会编制采暖工程投标报价; (5) 学会收集采暖工程造价相关市场信息。	(1) 采暖施工图的识读; (2) 采暖工程量计算; (3) 采暖工程量清单编制; (4) 采暖工程投标报价编制; (5) 工程报价书整理、装订。	(1) 工程量清单内容齐全,无多项漏项; (2) 套用定额正确,取费标准符合要求; (3) 投标报价合理; (4) 报价书装订顺序正确。

13. 通风空调工程造价(工程造价岗)

实习目标	实习内容	实习要求
(1) 能够识读通风空调工程施工图; (2) 能熟练应用通风空调工程定额; (3) 会编制通风空调工程量清单; (4) 会编制通风空调工程投标报价; (5) 学会收集通风空调工程造价相关市场信息。	(1) 通风空调施工图的识读; (2) 通风空调工程量计算; (3) 通风空调工程量清单编制; (4) 通风空调工程投标报价编制; (5) 工程报价书整理、装订。	(1) 工程量清单内容齐全,无多项漏项; (2) 套用定额正确,取费标准符合要求; (3) 投标报价合理; (4) 报价书装订顺序正确。

14. 建筑电气工程造价(工程造价岗)

实习目标	实习内容	实习要求
(1) 能够识读建筑电气工程施工图； (2) 能熟练应用建筑电气工程定额； (3) 会编制建筑电气工程量清单； (4) 会编制建筑电气工程投标报价； (5) 学会收集建筑电气工程造价相关市场信息。	(1) 建筑电气施工图的识读； (2) 建筑电气工程量计算； (3) 建筑电气工程量清单编制； (4) 建筑电气工程投标报价编制； (5) 工程报价书整理、装订。	(1) 工程量清单内容齐全,无多项漏项； (2) 套用定额正确,取费标准符合要求； (3) 投标报价合理； (4) 报价书装订顺序正确。

15. 安装工程施工组织设计(工程造价岗)

实习目标	实习内容	实习要求
(1) 能结合项目具体情况编制安装工程施工组织设计； (2) 初步具备施工进度、质量、成本、安全等方面管理能力； (3) 熟悉施工现场,能协调施工安装过程中出现的一些简单问题。	(1) 建筑安装工程施工组织设计的编制； (2) 建筑安装工程施工进度、质量、成本、安全、合同、信息控制措施。	(1) 施工组织设计编制内容齐全； (2) 施工方案符合现场情况,合理可行； (3) 施工进度、质量、安全、成本等控制措施具有可操作性。

第五部分　施工现场相关规范

按实习单位分配的工作岗位和实习项目，在顶岗实习具体操作前，学生须认真学习国家和地方相关技术规范文件。

一、施工安全规范

(1)《施工企业安全生产管理规范》(GB 50656)
(2)《建筑施工安全技术统一规范》(GB 50870)
(3)《建筑施工安全检查标准》(JGJ 59)
(4)《建筑施工高处作业安全技术规范》(JGJ 80)
(5)《建筑工程施工现场标志设置技术规程》(JGJ 348)
(6)《建设工程施工现场环境与卫生标准》(JGJ 146)
(7)《建设工程施工现场消防安全技术规范》(GB 50720)
(8)《建筑机械使用安全技术规程》(JGJ 33)
(9)《建设工程施工现场供用电安全规范》(GB 50194)
(10)《施工现场临时用电安全技术规范》(JGJ 46)
(11)《建筑基坑工程监测技术标准》(GB 50497)
(12)《建筑深基坑工程施工安全技术规范》(JGJ 311)
(13)《建筑施工模板安全技术规范》(JGJ 162)
(14)《建筑施工脚手架安全技术统一标准》(GB 51210)
(15)《建筑施工工具式脚手架安全技术规范》(JGJ 202)
(16)《建筑施工扣件式钢管脚手架安全技术规范》(JGJ 130)
(17)《建筑施工碗扣式钢管脚手架安全技术规范》(JGJ 166)
(18)《建筑施工高处作业安全技术规范》(JGJ 80)
(19)《建筑施工塔式起重机安装、使用、拆卸安全技术规程》(JGJ 196)
(20)《建筑施工起重吊装工程安全技术规范》(JGJ 276)
(21)《起重设备安装工程施工及验收规范》(GB 50278)
(22) 建设工程安全生产管理条例(中华人民共和国国务院第 393 号令)

二、施工管理和资料规范

(1)《建设项目工程总承包管理规范》(GB/T 50358)
(2)《建设工程项目管理规范》(GB/T 50326)
(3)《建设工程监理规范》(GB/T 50319)
(4)《建设工程文件归档规范》(GB/T 50328)

三、施工质量验收规范

(1)《建筑工程施工质量验收统一标准》(GB 50300)
(2)《建筑地基基础工程施工质量验收规范》(GB 50202)
(3)《砌体工程施工质量验收规范》(GB 50203)
(4)《混凝土结构工程施工质量验收规范》(GB 50204)
(5)《混凝土结构工程施工规范》(GB 50666)
(6)《钢结构工程施工质量验收规范》(GB 50205)
(7)《木结构工程施工质量验收规范》(GB 50206)
(8)《屋面工程质量验收规范》(GB 50207)
(9)《地下防水工程质量验收规范》(GB 50208)
(10)《建筑地面工程施工质量验收规范》(GB 50209)
(11)《建筑装饰装修工程质量验收标准》(GB 50210)
(12)《建筑给水排水及采暖工程施工质量验收规范》(GB 50242)
(13)《通风与空调工程施工质量验收规范》(GB 50243)
(14)《建筑电气工程施工质量验收规范》(GB 50303)
(15)《电梯工程施工质量验收规范》(GB 50310)
(16)《智能建筑工程质量验收规范》(GB 50339)
(17)《建筑节能工程施工质量验收规范》(GB 50411)
(18)《建筑防腐蚀工程施工质量验收规范》(GB 50224)
(19)《建筑结构加固工程施工质量验收规范》(GB 50550)
(20)《给水排水管道工程施工及验收规范》(GB 50268)
(21)《建筑物防雷工程施工与质量验收规范》(GB 50601)
(22)《泡沫灭火系统施工及验收规范》(GB 50281)
(23)《自动喷水灭火系统施工及验收规范》(GB 50261)
(24) 江苏省《住宅工程质量通病控制标准》(DGJ32/J 16)
(25) 江苏省建筑安装工程质量通病防治手册

第六部分　实习组织与管理

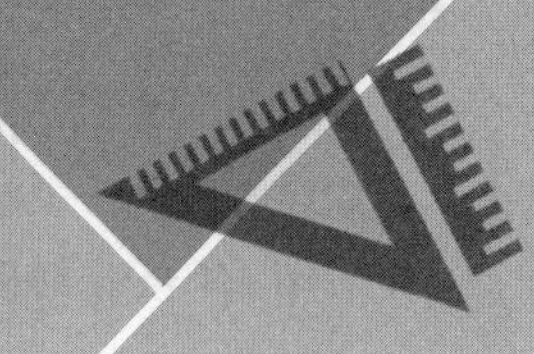

一、一般规定

(1) 学校、实习单位和学生本人应订立三方协议，规范各方权利和义务。

(2) 学生实习期间，实习单位必须按国家有关规定购买意外伤害保险。

(3) 顶岗实习前，实习单位应对学生进行以下教育培训：

① 对实习学生进行顶岗前培训，要求掌握所实习岗位的基本专业知识和技能；

② 对实习学生进行职业道德、职业操守、实习纪律、企业文化等方面的培训；

(3) 对实习学生进行人身安全及饮食安全方面的教育。

二、实习过程管理

(1) 顶岗实习学生在顶岗实习过程中，学校应当对学生顶岗实习的单位、岗位进行巡视。了解顶岗实习学生实习岗位的工作性质、工作内容、工作时间、工作环境、生活环境以及健康、安全防护等方面的情况。

(2) 学校导师和企业导师应共同做好顶岗实习期间的教育教学工作，对顶岗实习学生开展职业技能教育，开展爱岗敬业、诚实守信为重点的职业道德教育，开展企业文化教育和安全生产教育。

(3) 学校和顶岗实习单位应当建立定期信息通报制度。学校导师和企业导师要定期向学校和顶岗实习单位报告学生顶岗实习情况；遇到重大问题或突发事件，学校导师和企业导师应及时向学校和顶岗实习单位报告。

(4) 顶岗实习单位应做好学生在实习期间的住宿管理，保障学生的住宿安全。

(5) 企业导师应当建立顶岗实习日志，定期检查顶岗实习情况，及时处理顶岗实习中出现的有关问题，确保学生顶岗实习工作的正常秩序。

(6) 学校导师应该充分运用现代信息技术，构建信息化顶岗实习管理平台“习讯云”系统，与企业导师共同加强顶岗实习过程管理。

三、实习安全管理

（1）建立安全责任制度，学校建立以校长牵头的校外实践教学安全领导小组、各教学系（或二级学院）建立以系主任（或二级学院院长）牵头的校外实践教学安全领导小组，各专业教研室主任及校内导师为实践教学安全责任人。

（2）建立安全教育制度，学校要进一步强化学生校外实践教学期间的学习、生活、安全等方面的教育。

（3）严格请销假制度，顶岗实习学生要自觉遵守学校和实习单位的各项制度，服从实习单位和企业导师的安排。因事离开顶岗实习工作岗位，必须履行请假手续，按时销假。对于擅自离开工作岗位或请假超假不归的学生，按学校相关规定给予处理。

（4）顶岗实习期间学生要接受学校和实习单位的教育和管理，明确自己既是学生又是职工的双重身份，作为具有民事行为能力的个体，必须承担单位职工的责任，对自己的行为负责，在校外实习教学过程中，遵守用人单位的各项规章制度和安全条例。

（5）学生在顶岗实习期间，应遵守相关部门的纪律和规定，把实践安全放在首位。注意实践环境安全；注意饮食卫生安全，防止食物中毒；重视贵重物品的保管；注意交通安全；严防发生被盗、被抢、食物中毒和意外伤害事故；与家人、学校、同学常保持沟通。

（6）顶岗实习单位应加强对学生进行交通安全、生产安全、文明生产、自救自护、劳动纪律、职业道德等方面的教育和指导。

（7）顶岗实习单位应为学生提供符合国家规定的安全环境，保证其在人身安全不受危害的条件下工作，并明确告知学生顶岗实习工作岗位的工作内容和注意事项。

（8）顶岗实习单位要担负学生校外实习期间的安全管理责任，若在实习期间出现安全事故，根据《中华人民共和国劳动法》等有关法律法规，由学生与实习单位协商解决。

（9）强化预防意识，学校应当制订相应的校外顶岗实习学生安全管理措施，制定突发安全事件应急预案。出现校外顶岗实习安全事件时，及时启动安全事故处理程序。

四、实习经费

（1）鼓励有条件的实习单位向顶岗实习学生按工作量或工作时间支付合理的实习报酬。实习报酬的形式、内容和标准应当通过签订顶岗实习三方协议进行约定。不得向学生收取实习押金和实习报酬提成。

（2）探索建立大学生实习见习的财政补贴制度，鼓励有条件的地方教育、财政部门对学生实习给予必要的财政补助。

第七部分　成果整理和考核

一、成果整理

1. 顶岗实习三方协议

顶岗实习三方协议(附录 1)一式三份,在离校前或到达企业后签订,签订后,一份为企业资料、一份为顶岗实习学生资料、一份为学校资料。

三方协议签订后,立即拍照上传至“习讯云”管理系统(附录 2),向校内导师申请顶岗实习;校内导师审核通过后,即可顶岗实习,并须每天在“习讯云”管理系统签到。

学生返校时,将属于学校资料的三方协议带回,提交给校内导师。

2. 顶岗实习基本信息

填写顶岗实习学生基本情况登记表(附录 3)、顶岗实习单位基本情况登记表(附录 4)、企业导师基本情况登记表(附录 5)。在提交第一次周记时,一起拍照上传至“习讯云”管理系统。

若需要更换顶岗实习单位或企业导师,须与原顶岗实习单位或原企业导师协商,征得其认可。同时须及时向校内导师汇报,重新填写顶岗实习单位基本情况登记表和企业导师基本情况登记表,并与周记一起拍照上传至“习讯云”管理系统。

3. 顶岗实习周记

顶岗实习周记(附录 6)按照实习岗位工作时间,坚持每周一篇,实习周记按照施工日志的格式完成,主要内容包括实习岗位工作内容、遇到的问题及解决的办法等。

撰写后拍照上传至“习讯云”管理系统,供校内导师批阅。实习结束后,将纸质周记交至校内导师。

4. 顶岗实习总结

顶岗实习总结(附录 7)的内容包括新技术、新工艺、新设备等的应用情况;实习过程中遇到的技术问题、分析出现问题的原因;解决问题的思路,办法;实习收获与成果;

存在的主要问题;改进建议及其他等。

撰写后拍照上传至“习讯云”管理系统,供校内导师批阅。实习结束后,将纸质总结报告交至校内导师。

5. 顶岗实习单位评价

顶岗实习单位评价(附录 8)由企业导师对学生顶岗实习工作进行评价,签字盖章。实习结束后,将企业导师签字盖章的评价表交至校内导师。

二、考核

学生返校后须填写毕业答辩资格审查表(附录 9)、顶岗实习答辩记录及成绩评定表(附录 10)、顶岗实习总评成绩评定表(附录 11)的基本信息,向校内导师申请顶岗实习答辩。

以“全程考核、多元考核、用户评价”为原则,以学生完成实习任务的质量和水平、独立工作的能力和创新精神、工作态度和工作作风以及答辩情况等为依据,综合考虑实习表现、实习成果、毕业答辩等方面的成绩,综合评定学生顶岗实习的成绩,并按优、良、中、及格和不及格五个等级记分。

评定成绩必须坚持标准,从严要求,实事求是。对优秀和不及格成绩,必须严格把握。对未完成实习内容者、记录本有抄袭者,成绩均按不及格计。

实习岗位要与专业岗位一致或者相近。

五级记分制评定标准如下:

1. 优秀

(1) 顶岗实习总评成绩 90 分—100 分。

(2) 出满勤,无旷工。

(3) 实习表现优秀,保质保量完成实习任务,技术过硬,是工地施工技术人员的好帮手,实习单位评价好。

(4) 能够按时通过实习网络管理平台进行汇报,汇报内容能很好地反映实习情况。

(5) 实习周记、实习报告质量高,能提出合理化建议,并被采纳。

2. 良好

(1) 顶岗实习总评成绩 80 分—90 分。

(2) 出满勤,无旷工。

(3) 实习表现良好,能认真完成实习任务,实习单位反映良好。

(4) 能够按时通过实习网络管理平台进行汇报,汇报内容能反映实习情况。

(5) 实习周记、实习报告质量良好。

3. 中等

（1）顶岗实习总评成绩70分—80分。

（2）事假不超过三天，无旷工。

（3）实习表现较好，能完成实习任务。

（4）基本能够按时通过实习网络管理平台进行汇报，汇报内容基本能够反映实习情况。

（5）实习周记、实习报告能达到基本要求。

4. 及格

（1）顶岗实习总评成绩60分—70分。

（2）事假不超过顶岗实习时间的三分之一，无旷工。

（3）实习单位表现一般，能基本完成实习任务。

（4）尚能按时通过实习网络管理平台进行汇报，汇报内容简单，但尚能反映实习情况。

（5）实习周记、实习报告尚能达到基本要求。

5. 不及格

符合以下六条中的一条，顶岗实习总评成绩为不及格。

（1）顶岗实习总评成绩在60分以下。

（2）无故旷工三天以上。

（3）未完成实习任务，实习表现差，实习单位评价不合格。

（4）网络汇报没有达到规定要求，未汇报次数超过三分之一。

（5）因自身原因发生安全事故或其他重大事件，或品德恶劣，弄虚作假，造成不良影响。

附　　录

附录1:顶岗实习三方协议

职业学校学生岗位实习三方协议

甲方(学校):
通讯地址:
联系人(指导教师):
联系电话:
乙方(实习单位):
通讯地址:
联系人:
联系电话:
丙方(学生):
身份证号:
家庭住址:
联系电话:
丙方法定监护人(或家长):
身份证号:
家庭住址:
联系电话:

为规范和加强职业学校学生岗位实习工作,提升技术技能人才培养质量,维护学生、学校和实习单位的合法权益,根据国家相关法律法规及《职业学校学生实习管理规定》(2021年修订),甲方拟安排________级____________学院____________专业学生________(丙方)赴乙方进行岗位实习。为明确甲、乙、丙三方权利和义务,经三方协商一致,签订本协议。

一、基本信息

1. 实习项目(甲方填写):____________________
2. 实习岗位(乙方填写):____________________
3. 实习地点:____________________
4. 实习时间:______年___月______日—______年___月___日
5. 工作时间:____________________
6. 实习报酬

报酬金额:____________________

支付方式:____________________

支付时间:____________________

7. 食宿条件

就餐条件:____________________

住宿条件:____________________

8. 甲方实习指导教师:____________ 联系电话:____________
9. 乙方实习指导人员:____________ 联系电话:____________

二、甲方权利与义务

1. 负责联系乙方,并审核乙方实习资质及条件,确保乙方符合实习要求,提供的实习岗位符合专业培养目标要求,与学生所学专业对口或相近。不得安排丙方跨专业大类实习,不得仅安排丙方从事简单重复劳动。

2. 根据人才培养方案,会同乙方制订实习方案,明确岗位要求、实习目标、实习任务、实习标准、必要的实习准备和考核要求、实施实习的保障措施等,并向丙方下达实习任务。

3. 会同乙方制定丙方实习工作管理办法和安全管理规定、丙方实习安全及突发事件应急预案等制度性文件,对实习工作和丙方实习过程进行监管,并提供相应的服务。

4. 为丙方投保实习责任保险,责任保险范围应覆盖实习活动的全过程,包括丙方实习期间遭受意外事故及由于被保险人疏忽或过失导致的丙方人身伤亡,被保险人依法应当承担的赔偿责任以及相关法律费用等。丙方在实习期间受到人身伤害,属于保险赔付范围的,由承保保险公司按保险合同赔付标准进行赔付;不属于保险赔付范围或者超出保险赔付额度的部分,由乙方、甲方、丙方承担相应责任。甲方有义务协助丙方向侵权人主张权利。投保费用不得向丙方另行收取或从丙方实习报酬中抵扣。

5. 依法保障实习学生的基本权利,不得有以下情形:

(1) 安排一年级在校丙方进行岗位实习;

(2) 安排未满16周岁的丙方进行岗位实习;

(3) 安排未成年丙方从事《未成年工特殊保护规定》中禁忌从事的劳动;

(4) 安排实习的女学生从事《女职工劳动保护特别规定》中禁忌从事的劳动；

(5) 安排丙方到酒吧、夜总会、歌厅、洗浴中心、电子游戏厅、网吧等营业性娱乐场所实习；

(6) 通过中介机构或有偿代理组织、安排和管理学生实习工作；

(7) 安排丙方从事Ⅲ级强度以上体力劳动或其他有害身心健康的实习；

(8) 安排丙方从事法律法规禁止的其他活动。

6. 除相关专业和实习岗位有特殊要求，并事先报上级主管部门备案的实习安排外，应当保障丙方在岗位实习期间按规定享有休息休假、获得劳动卫生安全保护、接受职业技能指导等权利，并不得有以下情形：

(1) 安排丙方从事高空、井下、放射性、有毒、易燃易爆，以及其他具有较高安全风险的实习；

(2) 安排丙方在休息日、法定节假日实习；

(3) 安排丙方加班和上夜班。

7. 不得向丙方收取实习押金、培训费、实习报酬提成、管理费、实习材料费、就业服务费或者其他形式的实习费用，不得扣押丙方的学生证、居民身份证或其他证件，不得要求丙方提供担保或者以其他名义收取丙方财物。

8. 为丙方选派合格的实习指导教师，负责丙方实习期间的业务指导、日常巡查和管理工作；开展实习前培训，使丙方和实习指导教师熟悉各实习阶段的任务和要求。对丙方做好思想政治、安全生产、道德法纪、工匠精神、心理健康等相关方面的教育。

9. 督促实习指导教师随时与乙方实习指导人员联系并了解丙方情况，共同管理，全程指导，做好巡查，并配合乙方做好丙方的日常管理和考核鉴定工作，及时报告并处理实习中发现的问题。

10. 实习期间，对丙方发生的有关实习问题与乙方协商解决；发生突发应急事件的，会同乙方按突发事件安全应急预案及时处置。

11. 实习期满，根据丙方的实习报告、乙方对丙方的实习鉴定和甲方实习评价意见，综合评定丙方的实习成绩。

12. 公布热线电话(邮箱)，对各方的咨询及时回复，对反映的问题按管理权限和职责分工组织进行整改。

热线电话：____________________ 邮箱：________________。

13. 甲方对违反规章制度、实习纪律、实习考勤考核要求以及本协议其他规定的丙方进行思想教育，对丙方违规行为依照甲方规章制度和有关规定进行处理。对违规情节严重的，经甲乙双方研究后，由甲方给予丙方纪律处分。给乙方造成财产损失的，丙方依法承担相应责任。

14. 组织做好丙方实习工作的立卷归档工作。实习材料包括：(1) 实习三方协议；(2) 实习方案；(3) 学生实习报告；(4) 学生实习考核结果；(5) 学生实习日志；(6) 实习检查记录；(7) 学生实习总结；(8) 有关佐证材料(如照片、音视频等)等。

三、乙方权利与义务

1. 向甲方提供真实有效的单位资质、诚信状况、管理水平、实习岗位性质和内容、工作时间、工作环境、生活环境，以及健康保障、安全防护等方面的材料。

2. 严格执行国家及地方安全生产和职业卫生有关规定，会同甲方制定安全生产事故应急预案，保障丙方实习期间的人身安全和身体健康。协助甲方制定丙方岗位实习方案，保障丙方的实习质量。

3. 定期向甲方通报丙方实习情况，遇重大问题或突发事件应立即通报甲方，并按照应急预案及时处置。

4. 甲乙双方经协商，由甲方为丙方投保实习责任保险，乙方为丙方投保意外伤害险。丙方在实习期间受到人身伤害，属于保险赔付范围的，由承保保险公司按保险合同赔付标准进行赔付；不属于保险赔付范围或者超出保险赔付额度的部分，由乙方、甲方、丙方依法承担相应责任。乙方会同甲方做好丙方及其法定监护人（或家长）等善后工作。乙方有义务协助丙方向侵权人主张权利。投保费用不得向丙方另行收取或从丙方实习报酬中抵扣。

5. 按照本协议规定的时间和岗位为丙方提供实习机会，所安排的工作要符合法律规定且不损害丙方身心健康，不得仅安排丙方从事简单重复劳动。为丙方提供劳动保护和劳动安全、卫生、职业病危害防护条件。落实法律规定的反性骚扰制度，不得体罚、侮辱、骚扰丙方，保护丙方的人格权等合法权益。

6. 依法保障实习学生的基本权利，不得有以下情形：

(1) 接收一年级在校丙方进行岗位实习；

(2) 接收未满16周岁的丙方进行岗位实习；

(3) 安排未成年丙方从事《未成年工特殊保护规定》中禁忌从事的劳动；

(4) 安排实习的女学生从事《女职工劳动保护特别规定》中禁忌从事的劳动；

(5) 安排丙方到酒吧、夜总会、歌厅、洗浴中心、电子游戏厅、网吧等营业性娱乐场所实习；

(6) 通过中介机构或有偿代理组织、安排和管理学生实习工作；

(7) 安排丙方从事Ⅲ级强度以上体力劳动或其他有害身心健康的实习；

(8) 安排丙方从事法律法规禁止的其他活动。

7. 除相关专业和实习岗位有特殊要求，并事先报上级主管部门备案的实习安排外，应当保障丙方在岗位实习期间按规定享有休息休假、获得劳动卫生安全保护、接受职业技能指导等权利，并不得有以下情形：

(1) 安排丙方从事高空、井下、放射性、有毒、易燃易爆，以及其他具有较高安全风险的实习；

(2) 安排丙方在休息日、法定节假日实习；

(3) 安排丙方加班和上夜班。

8. 实习期间，如为丙方提供统一住宿，应为其建立住宿管理制度和请销假制度。如不为丙方提供统一住宿，应知会甲方并督促丙方办理相应手续。

9. 不得向丙方收取实习押金、培训费、实习报酬提成、管理费、实习材料费、就业服务费或者其他形式的实习费用，不得扣押丙方的学生证、居民身份证或其他证件，不得要求丙方提供担保或者以其他名义收取丙方财物。

10. 会同甲方对丙方加强思想政治、安全生产、道德法纪、工匠精神、心理健康等方面的教育。对丙方进行安全防护知识、岗位操作规程等教育培训并进行考核，如实记录教育培训情况。不得安排未经教育培训和未通过岗前培训考核的丙方参加实习。

11. 乙方安排合格的专业人员对丙方实习进行指导，并对丙方在实习期间进行管理。

12. 乙方根据本单位相同岗位的报酬标准和丙方的工作量、工作强度、工作时间等因素，给予丙方适当的实习报酬。丙方在实习岗位相对独立参与实际工作、初步具备实践岗位独立工作能力的，合理确定实习期间的报酬，并以货币形式按月及时、足额、直接支付给丙方，支付周期不得超过1个月，不得以物品或代金券等代替货币支付或经过其他方转发。不满1个月的按实际岗位实习天数乘以日均报酬标准计发。

13. 在实习结束时根据实习情况对丙方作出实习考核鉴定。

四、丙方权利与义务

1. 遵守国家法律法规，恪守甲乙双方安全、生产、纪律等各项管理规定，提高自我保护意识，注重人身、财物及交通安全，保护好个人信息，预防网络、电话、传销等诈骗。严禁涉黄、涉赌、涉毒、酗酒，严禁到违禁水域游泳或参与等其他危险活动，严禁乘坐非法营运车辆等。

2. 遵守甲乙双方的实习要求、规章制度、实习纪律及实习三方协议，认真实习，完成实习方案规定的实习任务，撰写实习日志，并在实习结束时提交实习报告；不得擅自离岗、消极怠工、无故拒绝实习，不得擅自离开实习单位。

3. 若违反规章制度、实习纪律以及实习三方协议，应接受相应的纪律处分；给乙方造成财产损失的，依法承担相应责任。

4. 在签订本协议时，丙方应将实习情况告知法定监护人(或家长)，并取得法定监护人(或家长)签字的知情同意书作为本协议的附件。

5. 如不在统一安排的宿舍住宿，须向甲乙双方提出书面申请，经丙方法定监护人(或家长)签字同意，甲乙双方备案后方可办理。

6. 实习期间，丙方因特殊情况确需中途离开或终止实习的，应提前七日向甲乙双方提出申请，并提供法定监护人(或家长)书面同意材料，经甲乙双方同意，并办妥离岗相关手续后方可离开。

7. 严格按照乙方安全规程和操作规范开展工作，爱护乙方设施设备，有安全风险的操作必须在乙方专门人员指导下进行。保守乙方的商业、技术秘密，保证在实习期间及实习结束后不向任何第三方透露相关的资料和信息。

8. 个人权益受到侵犯时,应及时向甲乙双方投诉。丙方认为乙方安排的工作内容违反法律或相关规定的,应立即告知甲方,并由甲方协调处理。

9. 实习期间,丙方发生人身等伤害事故的,有依法获得赔偿的权利。属于保险赔付范围的,由承保保险公司按保险合同赔付标准进行赔付;不属于保险赔付范围或者超出保险赔付额度的部分,由乙方、甲方、丙方依法承担相应责任。

五、协议解除

1. 经甲、乙、丙三方协商一致,可以解除协议,并以书面形式确认。

2. 有以下情形之一的,可以解除本协议:

(1) 因不可抗力致使协议不能履行;

(2) 甲方因教学计划发生重大调整,确实无法开展岗位实习的,至少提前十个工作日以书面形式向乙方提出终止实习要求,并通知丙方;

(3) 乙方遇重大生产调整,确实无法继续接受丙方实习的,至少提前十个工作日以书面形式向甲方提出终止实习要求,并通知丙方;

(4) 法律法规及有关政策规定的其他可以解除协议的情形的。

3. 有以下情形之一的,无过错的一方有权解除协议,并及时以书面形式通知其他两方:

(1) 甲方未履行对实习工作和丙方的管理职责,影响乙方正常生产经营的,经协商未达成一致的;

(2) 乙方未履行协议约定的实习岗位、报酬、劳动时间等条件和管理职责的,经协商未达成一致的;

(3) 丙方严重违反乙方规章制度,或丙方严重失职,给乙方造成人员伤亡、设备重大损坏以及其他重大损害的;

(4) 法律法规作出的相关禁止性规定的情形的。

六、附则

1. 本协议一式________份,甲、乙、丙三方各执________份,具有同等法律效力。

2. 任何一方未经其他两方同意不可随意终止本协议,任何一方有违约行为,均须承担违约责任。

3. 有关本协议的其他未尽事宜,由甲、乙、丙三方协商解决并签署书面文件予以确认。协商不成的,任何一方当事人有权向所在地人民法院提起诉讼。

4. 本协议自签字(盖章)之日起生效,至约定实习期届满或丙方实习结束时终止。

5. 甲、乙、丙任何一方通讯地址(联系方式)等与丙方实习相关的重大信息发生变更的应及时通知其他两方,否则,由此产生的一切不利后果自行承担;给其他两方造成损失的,应承担相应的法律责任。

6. 本协议条款中涉及《职业学校学生实习管理规定》(2021 年修订)中规定的原则上“不得”的,如实习因特殊要求存在不履行的可能,甲、乙、丙三方需事先协商一致、签订同意书,并报上级主管部门备案同意后,在不违反法律规定的条件下,方可实施,不视为违约。

7. 如丙方集体签订协议,需由丙方代表签字,其他所有丙方需签订相应委托书,并作为本协议的附件。丙方代表在签字前,应将协议文本内容提前告知每一位参加岗位实习的学生(丙方)及其法定监护人(或家长),并在签署后将协议副本交每一位参加岗位实习的学生(丙方)。

8. 其他事项:______________________________

甲方:(学校盖章)

法定代表人(签字):

年 月 日

乙方:(实习单位盖章)

法定代表人(签字):

年 月 日

丙方:(签字)

年 月 日

附件

1. 丙方岗位实习法定监护人(或家长)知情同意书
2. 职业学校学生岗位实习三方协议签约委托书
3. 补充协议(若有)

附件 1

丙方岗位实习法定监护人(或家长)知情同意书

尊敬的学生法定监护人(或家长):

您好！根据《职业学校学生实习管理规定》(2021 年修订)(以下简称《规定》)、《职业学校学生岗位实习三方协议》(以下简称《三方协议》)等要求,您的孩子参加岗位实习、签订《三方协议》,应取得法定监护人(或家长)签字的知情同意书。

现您的子女____________,____________学院(系、部)____________专业______班的学生,将于______年______月______日至______年______月______日到____________________(实习单位)参加岗位实习,需要您了解并同意,具体内容如下:

1. 本次实习是依据《规定》《三方协议》等规章制度具体开展的,您的孩子享受《三方协议》中的权利,同时也需要履行《三方协议》中的义务。

2. 实习单位是学校根据专业人才培养要求遴选的符合学生岗位实习要求的企业。

3. 岗位实习是教学的一部分,您的孩子应按学校要求按时提交实习日志、实习报告、实习总结等,如有违反实习规定的行为,经查实,会影响其实习成绩。

4. 您的孩子在实习期间必须定期向自己的实习指导教师和实习指导人员汇报实习情况,遵循指导教师和实习指导人员的指导和相关要求,并按进度完成学校规定的各项教学实习内容。

5. 您的孩子在实习期间,须严格遵守国家法律法规,以及学校和实习单位的各项规章制度。学校和实习单位将会为学生统一购买实习责任保险。

6. 您的孩子在实习期间必须与指导教师保持通讯畅通,更换联系方式时应及时告知,否则一切后果自行承担。

(本知情同意书一式叁份,学校、实习单位、学生法定监护人(或家长)各壹份)

____________(学校)：

我们已经充分知悉、理解并同意《三方协议》各项条款及上述知情同意书内容。实习期间，我们将与学校保持密切联系，并及时掌握孩子的思想动态，督促孩子在实习期间遵守学校及实习单位的各项规章制度，保障自身安全，主动关注校方通知与班级通知，并配合校方工作，以协助本次实习活动顺利完成。

签名：

与学生本人关系：

联系电话：

年　　月　　日

附件 2

职业学校学生岗位实习三方协议签约委托书

委托人:(具体名单详见附件)

受托人:(姓名、性别、身份证号、住址、联系电话)

为了便于《职业学校学生岗位实习三方协议》(以下简称《三方协议》)的顺利签订，协议丙方采取集体授权委托方式，由多名学生集体委托其中一人作为受托人，代为签订《三方协议》。委托人已充分知悉、理解并同意《三方协议》中的各项权利和义务。

授权事项：

1. 签订《三方协议》；
2. 办理签约时的各项手续，收取、转交《三方协议》等各项文件；
3. 委托期限自__________年____月_____日至________年_____月_____日；
4. 受托人无转委托权。

委托人、受托人在授权范围内从事上述行为，委托人均予以承认，由此产生的法律后果由委托人承担。

委托人:(附件签名)
受托人：
年　　月　　日

附件:1. 委托人名单、签名、身份证复印件
　　2. 受托人身份证复印件

附件 3

补充协议

为规范和加强职业学校学生岗位实习工作，提升技术技能人才培养质量，维护学生、学校和实习单位的合法权益，根据国家相关法律法规及《职业学校学生实习管理规定》(2021 年修订)，特订立补充协议如下：

一、……

1. ……

2. ……

3. ……

二、……

1. ……

2. ……

3. ……

……

附录 2:顶岗实习“习讯云”网络平台操作方法

顶岗实习网络平台操作方法

一、平台介绍及下载

1. 平台介绍

习讯云一实习管理平台主要以移动端+WEB管理后台为主,移动端包括安卓和iOS客户端,方便学生顶岗实习保持与学校的沟通交流。

2. 平台访问及下载方式

(1) 习讯云顶岗实习管理WEB后台地址:http://xixunyun.com

请使用最新版Chrome、火狐、360、QQ、IE9及以上版本浏览器。

(2) 移动端(安卓、iOS)下载

① 安卓系统手机下载:请在“腾讯应用宝”、“360手机市场”、“安智市场”等应用市场搜索“习讯云”,下载安装即可,具体见附图2-1。

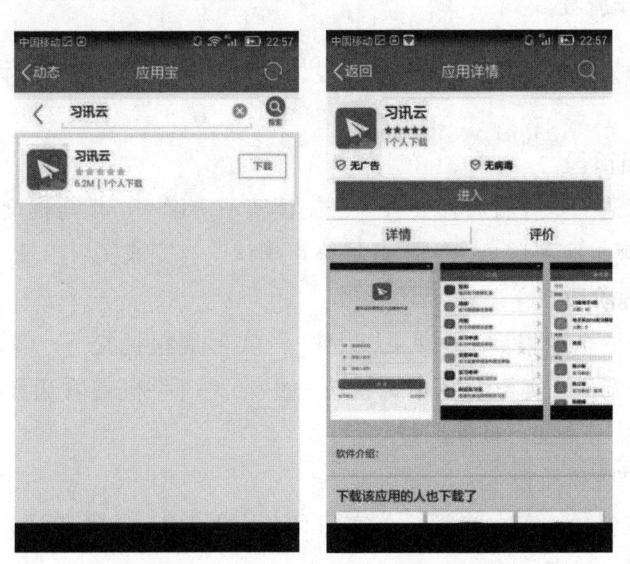

附图2-1　安卓系统手机下载APP

② iOS系统手机下载:App store中搜索“习讯云”,具体见附图2-2。

附图 2-2 iOS 系统手机下载 APP

二、学生实习操作流程

系统流程分为三大阶段:实习准备阶段、实习过程阶段、实习总结评价阶段,详细工作流程如下:

1. 实习准备阶段

发起实习申请——查看通知公告——阅读实习协议——填写提交实习信息——班主任/指导老师审批实习信息——教务处终审确认——完成实习申请

2. 实习过程阶段

实习开始——企业报到——实习签到——实习周报提交——实习月报提交——app 在线互动交流——实习变更申请提交(如有)——手机查看通知————实习积分/日常表现成绩——实习到期回校

3. 实习总结评价阶段

实习总结报告——实习自评——实习评价(给企业、老师考评)——填写调查反馈——成绩查询——实习结束

附录3：学生基本情况登记表

顶岗实习学生基本情况登记表

学生姓名		性别	
民族		政治面貌	
出生年月		专业	
班级		学号	
手机号码		家庭固定电话	
身份证号码			
家庭通讯地址			
班主任		联系电话	
校内指导教师		联系电话	
1. 除顶岗实习、毕业设计，其余课程成绩、公选课学分、技能证书等是否已满足毕业条件？□满足□不满足 2. 如不满足毕业条件，班主任是否已经知晓具体什么原因不满足毕业条件？□是□否 3. 具体不满足的毕业条件和对应的取得办法：			

附录4:顶岗实习单位基本情况登记表

顶岗实习单位基本情况登记表

<table>
<tr><td>实习单位名称</td><td colspan="4"></td></tr>
<tr><td>实习单位地址</td><td colspan="2"></td><td>邮政编码</td><td></td></tr>
<tr><td>实习单位法人代表</td><td></td><td colspan="2">实习单位电话</td><td></td></tr>
<tr><td>实习单位联系人</td><td></td><td colspan="2">联系人电话</td><td></td></tr>
<tr><td colspan="5">实习单位概况(单位资质、规模、从事专业领域等)</td></tr>
<tr><td>实习工程名称</td><td colspan="4"></td></tr>
<tr><td>实习工地地址</td><td colspan="2"></td><td>邮政编码</td><td></td></tr>
<tr><td colspan="5">实习工程概况(工程名称、工程规模、工程进展等)</td></tr>
</table>

注:如果在实习期间更换实习单位(须按规定审批),必须填写新的实习单位基本情况登记表。

附录5:企业导师基本情况登记表

企业导师基本情况登记表

<table>
<tr><td>姓名</td><td></td><td>性别</td><td></td><td>出生年月</td><td></td></tr>
<tr><td>职务</td><td></td><td>职称</td><td></td><td>学历(学位)</td><td></td></tr>
<tr><td>毕业院校</td><td colspan="3"></td><td>专业</td><td></td></tr>
<tr><td>联系电话</td><td colspan="5"></td></tr>
<tr><td>指导学生姓名</td><td colspan="5"></td></tr>
<tr><td colspan="6">指导内容(项目)及指导计划:

企业导师签名:
年　　月　　日</td></tr>
</table>

注:如果实习期间实习单位指导老师有变动,必须填写新的实习单位指导老师基本情况登记表。

附录 6：顶岗实习周记

实 习 周 记

（第01/18 篇）

本周实习事件描述：

本周实习心得体会：

实 习 周 记

（第02/18篇）

本周实习事件描述：

本周实习心得体会：

实 习 周 记

（第03/18 篇）

本周实习事件描述：

本周实习心得体会：

实 习 周 记

（第04/18 篇）

本周实习事件描述：

本周实习心得体会：

实 习 周 记

（第05/18 篇）

本周实习事件描述：

本周实习心得体会：

实 习 周 记

（第06/18篇）

本周实习事件描述：

本周实习心得体会：

实 习 周 记

（第07/18篇）

本周实习事件描述：

本周实习心得体会：

实 习 周 记

（第08/18 篇）

本周实习事件描述：

本周实习心得体会：

实 习 周 记

（第09/18篇）

本周实习事件描述：

本周实习心得体会：

实 习 周 记

（第10/18篇）

本周实习事件描述：

本周实习心得体会：

实 习 周 记

（第11/18篇）

本周实习事件描述：

本周实习心得体会：

实习周记

（第12/18篇）

本周实习事件描述：

本周实习心得体会：

实 习 周 记

（第13/18篇）

本周实习事件描述：

本周实习心得体会：

实 习 周 记

（第14/18篇）

本周实习事件描述：

本周实习心得体会：

实 习 周 记

（第15/18篇）

本周实习事件描述：

本周实习心得体会：

实 习 周 记

（第16/18 篇）

本周实习事件描述：

本周实习心得体会：

实 习 周 记

（第17/18 篇）

本周实习事件描述：

本周实习心得体会：

实 习 周 记

（第18/18篇）

本周实习事件描述：

本周实习心得体会：

附录 7：顶岗实习总结

顶岗实习总结

（不少于 3000 字）

附录 8：顶岗实习单位评价

顶岗实习单位评价

学生姓名：______________　　实习时间：_____年___月___日—_____年___月___日

<table>
<tr><th colspan="2">测评项目</th><th>评分标准</th><th>考评分</th><th>权重</th><th>加权分</th></tr>
<tr><td rowspan="5">专业技能</td><td>专业技能 1</td><td>参见第三部分的岗位职责</td><td></td><td>10%</td><td></td></tr>
<tr><td>专业技能 2</td><td>参见第三部分的岗位职责</td><td></td><td>10%</td><td></td></tr>
<tr><td>专业技能 3</td><td>参见第三部分的岗位职责</td><td></td><td>10%</td><td></td></tr>
<tr><td>专业技能 4</td><td>参见第三部分的岗位职责</td><td></td><td>10%</td><td></td></tr>
<tr><td>专业技能 5</td><td>参见第三部分的岗位职责</td><td></td><td>10%</td><td></td></tr>
<tr><td colspan="2">出勤率</td><td>$得分=\frac{实际出勤天数}{应出勤天数}\times 100$</td><td></td><td>10%</td><td></td></tr>
<tr><td colspan="2">任务完成的质量</td><td>根据安排的各项任务完成的工作量、完成情况和成果等评定</td><td></td><td>20%</td><td></td></tr>
<tr><td colspan="2">职业表现</td><td>根据遵守管理制度的情况、学习态度、工作态度、吃苦耐劳的精神等评定</td><td></td><td>20%</td><td></td></tr>
<tr><td colspan="5">综合得分</td><td></td></tr>
</table>

实习单位指导老师签字：

实习单位或项目部(盖章)：

年　　月　　日

附录 9：毕业答辩资格审查表

毕业答辩资格审查表

<table>
<tr><td>姓名</td><td></td><td>学号</td><td></td><td>专业</td><td></td><td>班级</td><td></td></tr>
<tr><td colspan="8">一、实习表现(依据实习单位评语、巡视记录等作出客观评价)
□好　　□尚好　　□不好</td></tr>
<tr><td colspan="8">二、周记汇报考核成绩(依据汇报次数、汇报内容等考核)
应汇报总次数：__18__周，实际汇报次数：______周，未按时汇报次数：______周
汇报累计__________字数，平均每周汇报______字
汇报内容质量：__________(优秀、良好、中等、及格、不及格)
周记考核成绩(百分制)：________</td></tr>
<tr><td colspan="8">三、实习总结考核成绩(依据汇报次数、汇报内容等考核)
实习总结：____5____方面，实际汇报：______方面，未汇报：______方面
汇报累计____________字数
汇报内容质量：__________(优秀、良好、中等、及格、不及格)
总结报告考核成绩(百分制)：________</td></tr>
<tr><td colspan="8">四、该生是否恶意欠费
是(　)否(　)
班主任签名：
年　　月　　日</td></tr>
<tr><td colspan="8">毕业答辩资格审查意见(不同意答辩，应简述原因)
________(同意、不同意)该生参加毕业答辩。
校内指导教师签名：
年　　月　　日</td></tr>
</table>

附录 10：顶岗实习答辩记录及成绩评定表

顶岗实习答辩记录及成绩评定表

姓名		学号		专业		班级	

一、顶岗实习成果汇报课件及汇报

□优　□良　□中　□及格　□不及格

二、回答问题

1.
□完全正确　□基本正确　□不完全正确　□错误

2.
□完全正确　□基本正确　□不完全正确　□错误

3.
□完全正确　□基本正确　□不完全正确　□错误

4.
□完全正确　□基本正确　□不完全正确　□错误

5.
□完全正确　□基本正确　□不完全正确　□错误

答辩小组教师签名

答辩教师姓名	工作单位	职称	答辩教师签名

答辩评语及成绩评定

答辩评语：

毕业答辩成绩(百分制)：　　　　答辩小组组长签字：

年　月　日

附录 11:顶岗实习总评成绩评定表

顶岗实习总评成绩评定表

<table>
<tr><td>姓名</td><td></td><td>学号</td><td></td><td>专业</td><td></td><td>班级</td><td></td></tr>
<tr><td colspan="5">评分项目</td><td>分项得分</td><td>权重比例</td><td>最终得分</td></tr>
<tr><td colspan="5">顶岗实习单位评价(分值见附录 8)</td><td></td><td>20%</td><td></td></tr>
<tr><td colspan="5">顶岗实习周记(分值见附录 9)</td><td></td><td>20%</td><td></td></tr>
<tr><td colspan="5">顶岗实习总结报告(分值见附录 9)</td><td></td><td>20%</td><td></td></tr>
<tr><td colspan="5">毕业答辩(分值见附录 10)</td><td></td><td>40%</td><td></td></tr>
<tr><td colspan="7">顶岗实习总评成绩综合得分</td><td></td></tr>
<tr><td colspan="8">顶岗实习总评成绩:

□优　□良　□中　□及格　□不及格

校内指导教师签名:
年　月　日</td></tr>
</table>

注:优:90 分—100 分;良:80 分—90 分;中:70 分—80 分;及格:60 分—70 分;不及格:小于 60 分。

参考文献

[1] 全国住房和城乡建设职业教育教学指导委员会.高职高专教育土建类专业顶岗实习标准(一)[M].北京:中国建筑工业出版社,2015.

[2] 全国住房和城乡建设职业教育教学指导委员会.高职高专教育土建类专业顶岗实习标准(二)[M].北京:中国建筑工业出版社,2016.

[3] 王光炎,颜道淦,张凯等.高职建筑类专业顶岗实习课程指导书[M].北京:科学出版社,2016.

[4] 李锦毅,董学军.学生顶岗实习手册(土建类)[M].北京:中国建筑工业出版社,2018.

[5] 何雄刚.交通土建类专业学生顶岗实习指导书[M].北京:北京理工大学出版社,2017.

[6] 郑伟.建筑工程技术专业顶岗实习指导[M].长沙:中南大学出版社,2014.

[7] 中华人民共和国住房和城乡建设部.建筑与市政工程施工现场专业人员职业标准:JGJ/T 250-2011[S].北京:中国建筑工业出版社,2011.